Brahim Gasbaoui

Intelligence Artificielle pour la commande d'un véhicule électrique

Brahim Gasbaoui

Intelligence Artificielle pour la commande d'un véhicule électrique

la commande directe du couple (DTC) d'un VE et
L'optimisation d'un contrôleur PI par HSA et PSO

Presses Académiques Francophones

Impressum / Mentions légales

Bibliografische Information der Deutschen Nationalbibliothek: Die Deutsche Nationalbibliothek verzeichnet diese Publikation in der Deutschen Nationalbibliografie; detaillierte bibliografische Daten sind im Internet über http://dnb.d-nb.de abrufbar.
Alle in diesem Buch genannten Marken und Produktnamen unterliegen warenzeichen-, marken- oder patentrechtlichem Schutz bzw. sind Warenzeichen oder eingetragene Warenzeichen der jeweiligen Inhaber. Die Wiedergabe von Marken, Produktnamen, Gebrauchsnamen, Handelsnamen, Warenbezeichnungen u.s.w. in diesem Werk berechtigt auch ohne besondere Kennzeichnung nicht zu der Annahme, dass solche Namen im Sinne der Warenzeichen- und Markenschutzgesetzgebung als frei zu betrachten wären und daher von jedermann benutzt werden dürften.

Information bibliographique publiée par la Deutsche Nationalbibliothek: La Deutsche Nationalbibliothek inscrit cette publication à la Deutsche Nationalbibliografie; des données bibliographiques détaillées sont disponibles sur internet à l'adresse http://dnb.d-nb.de.
Toutes marques et noms de produits mentionnés dans ce livre demeurent sous la protection des marques, des marques déposées et des brevets, et sont des marques ou des marques déposées de leurs détenteurs respectifs. L'utilisation des marques, noms de produits, noms communs, noms commerciaux, descriptions de produits, etc, même sans qu'ils soient mentionnés de façon particulière dans ce livre ne signifie en aucune façon que ces noms peuvent être utilisés sans restriction à l'égard de la législation pour la protection des marques et des marques déposées et pourraient donc être utilisés par quiconque.

Coverbild / Photo de couverture: www.ingimage.com

Verlag / Editeur:
Presses Académiques Francophones
ist ein Imprint der / est une marque déposée de
AV Akademikerverlag GmbH & Co. KG
Heinrich-Böcking-Str. 6-8, 66121 Saarbrücken, Deutschland / Allemagne
Email: info@presses-academiques.com

Herstellung: siehe letzte Seite /
Impression: voir la dernière page
ISBN: 978-3-8381-7395-5

République Algérienne Démocratique et Populaire

Ministère de l'Enseignement Supérieur et de la Recherche Scientifique

Université de Béchar

Thèse Pour l'Obtention du Diplôme de

DOCTORAT ES-SCIENCES En : Génie Electrique

THEME :

COMMANDE DIRECTE DU COUPLE ET LA COMMANDE INTILLIGENTE D'UN VEHICULE ELECTRIQUE URBAINE A DEUX ROUES MOTRICES

Présentée par : GASBAOUI BRAHIM

SOUTENU LE 21 /02 / 2010 DEVANT LE JURY COMPOSE DE :

CHAKER Abdelkader	Professeur	ENST (Oran)	Promoteur
LAOUFI Abdellah	MC(A)	Université(Béchar)	Co-Promoteur
KECHICH A	MC(A)	Université(Béchar)	Président
AZOUI B	Professeur	l'université(Batna)	Examinateur
BOUDIAF A	MC(A)	l'université(Boumerdes)	Examinateur
BASSOU A	MC(A)	Université(Béchar)	Examinateur

Université de Béchar 2012

Résumé

Le travail proposé dans cette thèse et la commande directe du couple
(DTC) et la commande intelligente d'un véhicule électrique urbaine VE à
deux roues motrices arrière. ꝑCette commande est basée sur deux
estimateurs pour contrôler le flux et le couple. Les principaux avantages
de la DTC sont la rapidité de la réponse dynamique de couple et la faible
dépendance vis-à-vis des paramètres de la machine, ainsi que la simplicité
d'implémentation en temps réel. Cette commande est bien adaptée pour les
systèmes de traction électrique. Dans une première étape, un état de l'art
sur les systèmes de propulsion électrique ainsi qu'une description de
certaines technologies émergentes ont été présentés. Ce qui permet de
replacer le sujet dans son contexte. Nous avions soumis notre système de
propulsion électrique à plusieurs tests sévères pour valider la performance
du véhicule électrique commandée en couple. Le différentiel électronique
joue le rôle d'un conducteur virtuel assurant la même vitesse aux deux
roues motrices pour une trajectoire droite .Par contre il garantit une
différence entre les deux vitesses dans les virages, sans dérapage du VE. La
seconde étape a été réservée aux tests de performances énergétiques de
deux technologies différentes, les accumulateurs Lithium-ion et Nickel
métal hydrure en tenant compte de l'état de charge des batteries SOC pour
le stockage d'énergie au bord du VE. La dernière étape touche
l'optimisation des paramètres des régulateurs de vitesse de type PI en
faisant appel à l'algorithme de harmony search et parallel asynchrones
PSO, afin de minimiser le couple aérodynamique conduisant à la
diminution du la section frontale du véhicule électrique.

*Mots Clés : Véhicule Electrique, ꝑCommande directe du couple. Différentiel Electronique,
Lithium-ion, Nickel métal hydride, Algorithme de harmony search, Parallel asynchrones PSO.*

ملخص

العمل المقترح في هذه الأطروحة لأغراض التحليل والسيطرة المباشرة لعزم لمركبة كهربائية بالعجلتين محركتين مستقلتين من الخلف. توجد في منظومة التحكم المباشر للعزم حلقتين للسيطرة أحدهما لفيض الجزء هي سرعة الاستجابة الديناميكية لعزم الدوران المنخفضة (DTC)الثابت والأخرى للعزم. المزايا الرئيسية ل وعدم الاعتماد في التحكم على جميع معايير للمحرك ، فضلا بأنها سهله التركيب.هذه منظومة مناسبة تماما لنظم الجر الكهربائي.كخطوة أولى ، قدمت نبذة على نظم الدفع الكهربائية وصفا لبعض التكنولوجيات الناشئة. و قمنا بوضع المركبة كهربائية تحت عدة اختبارات صعبة للتحقق من أداء لوضع المسألة في سياقها الصحيح المباين الالكتروني دور السائق الظاهري الذي يتحكم في مسار المركبة بحيث يساوي المركبة كهربائية. يلعب بين سرعة العجلتين في المسار المستقيم بينما يضمن الفرق سرعة بين العجلتين في المنحنيات لمنع أنزلق .وقد مع لأخذ خصص الجزء الرابع لاختبار أداء اثنين من التكنولوجيتين مختلفتين من لبطاريات ليث يوم أيون والنيكل بلأعتبار نسبة شحن البطارية على متن المركبة كهربائية . الجزء الأخير خصص لتحسين من المعلمات السرعة على الأرتجال الموسيقي لتقليل عزم باستخدام خوارزميةالأولى تعتمد على دكاء الجماعي ولثانية تعتمد الدوران الهوائية والذي يؤدي إلى الحد من المساحة الأمامي لسيارة الكهربائية .

كلمات مفتاحيه : مركبة كهربائية,المباين لأكتروني ,المباشرة لعزم,السيطرة المباشرة لعزم.ليث يوم أيون.

Abstract ة

The presented work in this memory is analysis and direct torque control (DTC) for electric vehicle with two rear deriving wheels. In DTC drive, there are two different loops corresponding to the stator flux and electromagnetic torque .The main advantages of DTC are the speed of the dynamic response of torque and low dependence of machine parameters, and It simple in real time implementation. This command is very adapted for electric traction systems. In the first way an art state of the vehicle propulsion system was presented also brief employed technologies description was showed where the work aim object was explained. This allows placing the issue in context. We submitted our propulsion system on several test to validate the performance of direct torque control for electric vehicles. The electronic differential structures control acts as a virtual kiln that controls the linear speed of the VE. The fourth part was reserved for testing the energy performance of two different technologies, lithium-ion batteries and nickel metal hydride, taken into account the initial sate of charge SOC for energy storage. The latest one , concern optimization of the parameters of speed controller using harmony search algorithm and parallel asynchronous PSO, to minimize the aerodynamic torque which leads to the reduction of the front section of the electric vehicle.

Key Words: *Electric vehicle, electronic differential, direct torque control, Li-ion, Ni-MH harmony search algorithm, parallel asynchronous PSO.*

Remerciements

En premier lieu, je tiens à exprimer ma profonde gratitude à Monsieur *Chaker Abdelkader* (Professeur à L'ENST Oran) et Monsieur Laoufi Abdellah (Mètre de conférence à l'Université de Béchar) directeur de ma thèse, pour m'avoir confié et dirigé ce projet et qui n'ont jamais manqué de me conseiller et de m'orienter tout au long de ces quatre années de travail. Qu'ils trouvent ici l'expression de mon respect et de ma profonde reconnaissance.

Je tiens à remercier Monsieur Kechich A, Maître de conférences à l'Université de Béchar, pour m'avoir fait l'honneur de présider mon jury.

Je remercier vivement Monsieur, Azoui B, Professeur à l'université de Batna et Boudiaf A, Maître de conférence à l'Université de Boumerdes et Monsieur, Bassou Abdesslam, Maître de conférence à l'Université de Bechar, pour l'intérêt qu'ils ont porté à mon travail ainsi que pour les enrichissantes observations faites dans leurs rapports.

Sans oublier de remercier qui a une contribution dans ce travail monsieur Nacri Abdelfetahh .Je ne peux conclure cet espace sans penser à ma famille, mes proches et mes amis qui m'ont soutenu et encouragé durant toute cette période. Je pense particulièrement à mes parents, pour leur soutien inconditionnel tout au long de ces années d'études.

Je dédie ce travail à mon père, à ma mère, à mes sœurs, à mes frères, à mon épouse et à l'avenir de mes enfants.

gasbaoui_2009@yahoo.com

Le travail présenté dans cette thèse a donné lieu aux publications suivantes :

1- Brahim gasbaoui, Chaker abdelkader, laoufi adellah, " Multi-input multi-output fuzzy logic controller for utility electric vehicleDrive " Archives of electrical engineering vol. 60(3), pp. 239-256 (2011).

2- Brahim Gasbaoui, Abdelkader Chaker, Abdellah Laoufi,Boumediène Allaoua, Abdelfatah Nasri, " The Efficiency of Direct Torque Control for Electric Vehicle Behavior Improvement",serbian journal of electrical engineering vol. 8, no. 2, 127-146 may 2011.

3- Brahim Gasbaoui, Abdelkader Chaker, Abdellah Laoufi,Boumediène Allaoua, "Adaptive Fuzzy PI of Double Wheeled Electric Vehicle Drive Controlled by Direct Torque Control",Leonardo Electronic Journal of Practices and Technologies Issue 17, p. 27-46 July-December 2010

4-Brahim Gasbaoui, Abdelkader Chaker, Abdellah Laoufi,Boumediène Allaoua, Abdelfatah Nasri, "Fuzzy Logic Knowledge Applied On Electrical Network For Nodal Detection Using Particle Swarm Neighborhood For Banks Capacitor Compensation",Journal of electrical engineering (2010).

5-Brahim Gasbaoui, Abdelkader Chaker, Abdellah Laoufi,Boumediène Allaoua, "Effect of the Road Constraint for Electric Vehicle Rears Driving Wheels Behavior", Quatrième Conférence sur le Génie Electrique, le 03-04 Université de Bechar, Algérie, Novembre2010.

Table des Matières

Table des figures

Liste des tableaux

Nomenclature

Paramètres de Modélisation de la Machine à Induction

$[L_s], [L_r]$: Représentent respectivement es matrices d'inductance statorique et rotorique

$[M]$: Correspond à la matrice des inductances mutuelles stator-rotor

R_s : Résistance statorique par phase

R_r : Résistance rotorique par phase

p : Nombre de paires de pôles

J : Moment d'inertie des parties tournantes

f_s : Coefficient de frottements visqueux

T_s : Période de commutation

σ : Coefficient de dispersion

T_s, T_r : Constantes de temps statorique et rotorique

E : Tension d'alimentation de l'onduleur

Repères

a, b, c : Axes liés aux enroulements triphasés

d, q : Axes liés aux enroulements triphasés

α, β : Axes de référentiel statorique

θ_s : Angle entre le stator et l'axe d

θ_r : Angle entre le stator et le rotor

Grandeurs électriques au stator

V_n : Tension nominale

V_s : Tension statorique

$V_{s,a,b,c}$: Tension statorique phase a, b, ou c

V_α : Tension statorique sur l'axe α

V_β : Tension statorique su l'axe β

$I_{s,\alpha,\beta}$: Tension statorique dans le repère $\alpha\beta$

I_n : Courant nominal

I_s : Courant statorique

$I_{s,a,b,c}$: Courant statorique phase a, b, ou c

I_α : Courant statorique sur l'axe α

I_β : Courant statorique sur l'axe β

Grandeurs magnétiques au stator

$\varphi_{s,a,b,c}$: Flux statorique phase a, b, c

φ_α : Flux statorique sur l'axe α

φ_β : Flux statorique sur l'axe β

$\varphi_{s,\alpha,\beta}$: Flux statorique sur l'axe $\alpha\beta$

φ_{sref} : Flux statorique de référence

Grandeurs mécaniques

Ω_r : Vitesse mécanique rotorique

$\Omega_{r\,ref}$: Vitesse mécanique rotorique de référence

ω_s : Pulsation électrique statorique

ω_r : Pulsation électrique rotorique

φ_α : Pulsation de glissement électrique ( )

C_{em} : Couple électromagnétique

C_r : Couple résistant

C_{eref} : Couple de référence

Paramètres du véhicule électrique

M : Masse du véhicule

r : Rayon d'une roue

ρ : Masse volumique de l'air

S_f : Section frontal du véhicule électrique

C_x : Coefficient de pénétration dans l'air

v : Vitesse linéaire du véhicule électrique

v_v : Vitesse du vent

C_r : Coefficient de résistance au roulement

F_{aero} : Force aérodynamique

p_{pente} : Pente en %

F_{profil} : Force liée au profil de la route

F_{acc} : Force d'accélération

F_T : Force total de traction

F_R : Force total de résistance

g_r : Rapport de réduction globale rapporté aux roues

F_{roul} : Force de roulement

a   : Accélération

F_{acc} : Force d'accélération

C_T : Couple de traction total

Ω_{roue} : Vitesse de rotation de la roue

Constantes liée au différentiel électronique

M : Empâtement du véhicule

d : Distance entre les roues motrices

R : Rayon des roues motrices

Liste des abréviations

DTC   : Direct torque control.

MLI   : Modulation de largeurs d'impulsion

Li-ion   : Lithium ion

Ni-MH   : Nickel métal hydride

SOC   : l'état de charge d'une batterie

MD   : Moteur Droite

MG   : Moteur Gauche

SMM	: Système Multi Moteur
REM	: Représentation Energétique Macroscopique
PSO	: Particle Swarm Optimisation
EV	: Electric Vehicle
MAS	: Machine Asynchrone
IAE	: Integral Absolute Error.
ISE	: Integral Square Error.
ITAE	: Integral Time Absolute Error
ISTE	: Integral Square Time Error

INTRODUCTION GÉNÉRALE

La pollution urbaine (gaz d'échappements et bruits), le réchauffement climatique dû aux émissions de gaz à effet de serre, les perspectives d'épuisement annoncé des ressources énergétiques de type fossilifères et une consommation mondiale d'énergie en augmentation sont des risques majeurs pour les siècles à venir.

Mode dominant de mobilité, le transport routier a connu une réelle explosion ces dernières décennies. Des lors, le secteur du transport apparait clairement comme le secteur d'activité principal en matière d'utilisation de produits pétroliers. Il reste en effet, le mode de transport le plus consommateur d'énergie rapporté a la tonne de produit et/ou de passager transporté par kilomètre [1]. De ce fait, les émissions de CO_2 augmentent toujours plus. Les transports sont en effet la cause d'environ 30% des émissions de gaz à effet de serre et de la majeure partie de la pollution urbaine, que celle-ci soit atmosphérique (particules, oxydes d'azote, hydrocarbures) ou sonores [2]. Ces problèmes d'environnement ont fait prendre conscience aux chercheurs et constructeurs automobiles de la nécessité de concevoir de nouveaux moyens de transports individuels intégrant de nouveaux types de motorisation propres et économiques en énergie. On introduit de plus en plus le concept de véhicule électrique (VE).

Cela consiste à utiliser l'énergie électrique comme mode de propulsion pour les véhicules particuliers. Le véhicule électrique est en effet le véhicule propre par excellence : il est le seul véhicule motorise a "zéro émission", c'est-à-dire n'émettant aucun gaz polluant ni gaz à effet de serre. Il a de plus l'avantage d'être silencieux. Mais, il se heurte à un problème de taille lié à ses faibles capacités de stockage d'énergie limitant son autonomie. En outre, l'analyse économique de la chaine aboutissant au véhicule électrique souligne les nettes infériorités de celui-ci comparé au véhicule thermique (le cout pratique du véhicule électrique est de 2 à 3 fois plus élevé que celui de son homologue thermique). Le cout élevé des batteries et la construction en petites séries freinent encore la compétitivité au niveau des prix du véhicule électrique. Rien ne semble pouvoir lever à moyen terme de telles limitations, dues pour l'essentiel à l'impossibilité de stocker de l'énergie électrique de manière commode, massive et peu couteuse [3].

Beaucoup d'idées et de nouvelles conceptions ont été déjà proposées. Les voies de progrès mettent en exergue les procèdes à base d'électricité à savoir : les véhicules électriques, hybrides et à pile à combustible. Lorsque ces véhicules sont purement électriques, leur usage rencontre des limitations liées à leur alimentation par batteries. En revanche, l'utilisation d'un véhicule hybride qui combine une motorisation électrique dans les zones urbaines et une motorisation thermique dans les zones rurales, apparait comme une solution intermédiaire et une alternative intéressante. La pile à combustible, constitue une autre source d'énergie pour le VE. Néanmoins, beaucoup de progrès restent à faire en matière d'encombrement de poids et de stockage. Quel que soit la solution retenue, étant donné que la source d'énergie étant limitée, il est à prévoir que la gestion de l'énergie électrique destinée à la propulsion, depuis les sources primaires fixées jusqu'aux roues du véhicule, restera une difficulté majeure, et l'économie de cette énergie, le souci primordial. Autrement dit, il est bien connu pour tous les véhicules que la circulation urbaine, de par les changements de régime, les accélérations, les arrêts qu'elle nécessite, est plus consommatrice d'énergie (par kilomètre parcouru). Malgré les plus faibles kilométrages, l'usage privilégie des véhicules électriques en milieu urbain nécessité donc des réflexions et des recherches sur la gestion de l'énergie nécessaire.

Ainsi, toute idée qui va dans le sens d'optimiser l'encombrement des systèmes de propulsion, de rendre leur commande aussi robuste contre les différentes sortes de perturbations, d'assurer une continuité de service en toute sécurité, d'améliorer le rendement des ensembles machines-convertisseurs et de bien gérer le flux d'énergie est de toute évidence une contribution non négligeable.

2. Objectif

Dans ce contexte, et afin vu de satisfaire les éléments qui font une idée directrice sur la recherche de solutions innovantes et économiques dans la technologie du véhicule électrique. Ce thème concerne une analyse et une étude de la commande directe du couple d'un véhicule électrique et stockage d'énergie au bord d'un véhicule électrique ainsi que l'optimisation des régulateurs de vitesse visant à augmenter son autonomie. Ce qui répond, en général, a la problématique plus c'est simple, plus c'est léger moins cela consomme de l'énergie

3. Structure de la thèse

La présente thèse est scindée en cinq chapitres présentés comme suit :
Le premier chapitre est consacré à historique des véhicules électrique à un état de l'art et à la technologie innovante de ces derniers. Le deuxième chapitre fera l'objet de la modalisation des différents constituants de la chaine de traction électriques commençant par la machine asynchrone destinée à la traction électrique dans l'espace de Clark associée par son onduleur de tension ainsi que la modélisation des différents couple da nature résistives constituants la couple véhicule résistant. Mettant en relief le principe du différentiel électronique, la commande par le contrôle de la différence de vitesse des deux moteurs asynchrones est mise en place remplaçant le différentiel mécanique conventionnel.

La commande directe du couple destinée à l'entrainement de la roue motrice fait l'objet de l'étude du troisième chapitre .Le véhicule électrique est soumis à plusieurs test de variation de vitesse, dans le cas d'une pente, une pente inverse et un virage. La commande et la simulation du groupe motopropulseur sont présentées sous l'environnement MATLAB. La recherche est terminée, par une présentation de tous les résultats de simulation de la chaine de traction bimoteurs en utilisant des régulateurs classiques de type PI faisant apparaitre les évolutions au cours du temps des différentes grandeurs électriques notamment les profils exigés pour satisfaire la trajectoire imposée par le véhicule avec des manœuvres spécifiées.

Le quatrième chapitre a pour objet le stockage d'énergie au bord d'un véhicule électrique. Un bref aperçu sur les piles à combustible. Une pile à combustible est un générateur qui convertit directement l'énergie interne d'un combustible (hydrogène, méthanol, etc.) en énergie électrique, en utilisant un procède électrochimique contrôlé .Ensuite deux technologies différentes concernant le Lithium-ion et Nickel métal hydride sont définis. Un test a été réalisé en tenant compte les deux technologies sur un véhicule tenant compte d'une topologie sévère.

Dans Le cinquième chapitre sont exposes, deux algorithmes : l'algorithme de harmony search et parallel asynchrones PSO.L l'algorithme de harmony search conceptualisé l'utilisation du processus musical pour un état parfait d'harmonie. Des répétitions musicales cherchent à trouver une harmonie agréable (état parfait) telle qu'elle est déterminée par une norme esthétique, tout comme le processus d'optimisation vise à trouver une solution globale (état parfait).La nouvelle technique d'optimisation parallèle asynchronous PSO, fondée sur la notion de coopération entre particules qui peuvent être vus comme des " «animaux ≫ aux capacités assez limitées (peu de mémoire et de facultés de raisonnement). L'échange d'information entre eux fait que, globalement, ils arrivent néanmoins à résoudre des problèmes difficiles. Un exemple d'optimisation sera traité par implantation des deux techniques, dans le but d'optimiser les contrôleurs de type PI du véhicule électrique, afin d'avoir une commande robuste de la machine asynchrone commandée par DTC pour une meilleure performance de la chaine de traction électrique.

Finalement, sur la base des résultats obtenus, ce travail sera terminé par une conclusion ou il sera mentionné les perspectives quant à sa continuation ultérieure.

chapitre 1

HISTORIQUE, ETAT DE L'ART ET TECHNOLOGIE EMERGENTE DES VEHICULES ELECTRIQUES

1.1. Introduction

La qualité de l'air dans les villes ainsi que les nuisances sonores le plus souvent évoquées lorsque l'on parle des transports, deviennent aujourd'hui une préoccupation primordiale des autorités et des habitants à travers le monde. Cette pollution provient principalement d'émissions gazeuses et tout particulièrement des véhicules thermiques. Le parc automobile, d'ailleurs, ne cesse de croitre. La voiture individuelle, souvent considérée comme un moyen de liberté, reste cependant le mode de déplacement privilégie des habitants. Pour remédier à ces problèmes d'environnement, on introduit de plus en plus le concept de véhicule utilisant un mode alternatif de propulsion (véhicule électrique a batterie, hybride ou à pile à combustible). La voiture électrique est systématiquement présentée comme le successeur logique de la voiture à combustion interne (polluante, bruyante, etc.), et donc comme une solution d'avenir. A cet effet, des recherches se multiplient sur les batteries, les moteurs et surtout sur l'autonomie énergétique de tels véhicules, par une "optimisation" de l'énergie embarquée.

De l'histoire aux différentes technologies émergentes, ce chapitre présent une synthèse complète sur le développement, des véhicules utilisant un mode de propulsion électrique.

1.2. Problématique

De nos jours, les émissions de CO_2 "dioxyde de carbone" dues aux transports représentent 30 % des émissions mondiales totales [1,2,3]. Les transports sont en effet la cause principale des émissions de gaz a effet de serre et de la majeure partie de la pollution urbaine (atmosphérique ou sonore). Les énergies fossiles (pétrole, gaz naturel et charbon) couvrent actuellement plus de 80% de la demande énergétique mondiale et, pour l'instant, il n'existe pas d'alternative immédiate qui puisse prendre leur relève à la hauteur de nos besoins.

Comme le montre la (figure 1.1), le pétrole reste l'énergie primaire la plus consommée dans le monde avec une part de 36 % en 2002 soit environ 3,8 Gtep (Giga tonne d'équivalent pétrole). Le secteur du transport apparait clairement comme le secteur d'activité principal en matière d'utilisation de produits pétroliers avec une part actuelle de 50 % (figure 1.1) contre 42 % en 1973. De ce fait, les émissions de CO_2 augmentent toujours plus. En outre, les perspectives d'épuisement annonce des énergies fossiles et le réchauffement climatique sont des risques majeurs pour les siècles à venir. Ces chiffres ont faits prendre conscience aux constructeurs automobiles de la nécessite de concevoir de nouveaux moyens de transport individuel intégrant de nouveaux types de motorisation propres et économiques en énergie. A cet égard, de nouvelles technologies ont fait leur apparition, d'autres sont en développement et ne seront réellement utilisées que dans plusieurs années.

Au-delà des carburants de substitution, GPL (Gaz Pétrole Liquéfier), GNV (Gaz Naturel Véhicule), biocarburant, les voies de progrès mettent en évidence les procèdes à base d'électricité à savoir : les véhicules électriques, hybrides et à pile a combustible.

1.3. **Historique**

Le premier véhicule électrique a fait son apparition aux alentours de 1830 (1832-1839). La première personne à avoir inventé une voiture électrique est Robert Anderson, un homme d'affaires écossais. Il s'agissait plutôt d'une carriole électrique dans des limites imposées.

Vers 1835, l'américain Thomas Davenport construit une petite locomotive électrique. Vers 1838, l'écossais Robert Davidson arrive avec un modèle similaire qui peut rouler jusqu'à 6 km/h. Ces deux inventeurs n'utilisaient pas de batterie rechargeable. En 1859, le français Gaston Planté invente la batterie rechargeable au plomb acide. Elle sera améliorée par Camille Faure en 1881. En 1884, on voit que (figure 1.3.a) Thomas

Parker assis dans une voiture électrique, qui pourrait être la première au monde. La photographie a été rendu publique en avril 2009 par son petit-fils Graham Parker.

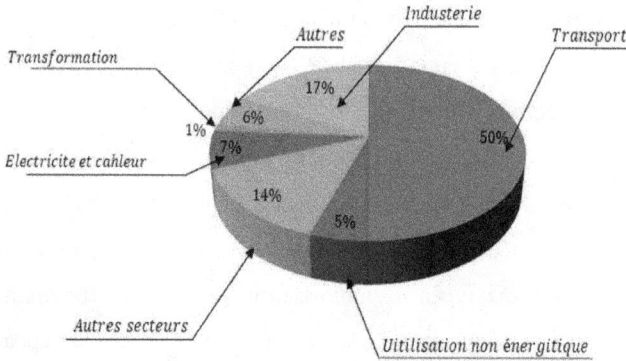

Figure 1-1 Consommation de Produits Pétroliers dans le Monde

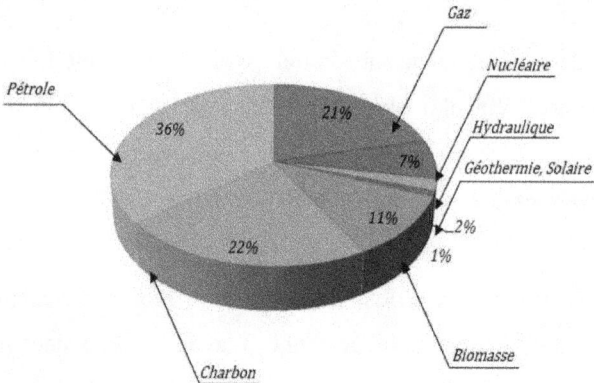

Figure 1-2 Consommation d'Energie Primaire dans le Monde [4].

En 1891, l'américain William Morrison construit la première vraie voiture électrique (figure 1.3.b). En 1896, la Riker électrique de Andrew Riker remporte une course automobile. En 1897, on peut apercevoir les premiers taxis électriques dans les rues de New York.

(a)   *(b)*

Figure 1-3(a) Véhicule électrique deThomas Parker (b) Véhicule électrique de William Morrison.

En 1899 en Belgique, une société construit « La Jamais Contente » la première auto électrique à dépasser les 100 km/h (elle atteindra les 105 km/h)[8,12]. L'auto était pilotée par le belge Camille Jenatzy, et munie de pneus Michelin. Elle était en forme de torpille (figure 1.4.a).

(a)   *(b)*

Figure 1-4 (a) La Jamais Contente piloté par Camille Jenatzy (b) Véhicule électrique de Thomas Parker .

Dès 1900, la voiture électrique connait ses beaux jours. Plus du tiers des voitures en circulation sont électriques, le reste étant des autos à essence et à vapeur. En 1902 la Phaeton de Wood (figure 1.4.b) pouvait rouler 29 kilomètres à une vitesse de 22.5 km/h et coutait 2000 dollars. En 1912, la production des véhicules électriques est à son apogée. Mais, l'introduction de la Ford Model T à essence en 1908 va commencer à se faire sentir. Ci-dessous la Anderson Electric Car Company présente son modèle en 1918 à Détroit [9,10,11].

Dans les années 1920, certains facteurs mèneront au déclin de la voiture électrique. On peut citer leur faible autonomie, leur vitesse trop basse, leur manque de puissance, la disponibilité du pétrole, et leur prix deux fois plus élevé que les Ford à essence. En 1966, le congrès américain recommande la construction de véhicules électriques pour réduire la pollution de l'air. L'opinion publique américaine y est largement favorable et avec l'augmentation du prix de l'essence en 1973 (premier choc pétrolier : embargo de l'OPEP envers les Etats-Unis) le momentum est bien là.Pourtant rien ne décollera vraiment. En 1972, Victor Wouk le parain du véhicule hybride construit la première voiture hybride, la Buick Skylark de General Motors (GM) (figure 1.5.a). En 1974, la Vanguard-Sebring CitiCar, qui ressemble beaucoup à une voiturette électrique de Golf (figure 1.5.b) fait son apparition au Electric Véhicule Symposium de Washington, D.C. Elle peut rouler sur 64 kilomètres à une vitesse de 48 km/h. En 1975, la société est le sixième constructeur américain mais elle sera dissoute quelques années plus tard.

(a)

(b)

Figure 1-5 (e) la Buick Skylark de General Motors (f)le véhicule électrique Vanguard-Sebring CitiCar.

En 1976, le Congrès américain adopte le Electric and Hybrid Vehicle Research, Développent, and Démonstration Act., qui a pour but de favoriser le développement des nouvelles technologies de batteries, le moteurs et de composants hybrides. Dès 1988, le président de GM Roger Smith lance un fond de recherche pour développer une nouvelle voiture électrique qui deviendra la EV 1.En 1990, l'Etat de la Californie vote le Zero Emission Vehicle (ZEV), un plan qui prévoit que 2% des véhicules devront avoir zéro émission polluante en 1998 (puis 10% d'entre eux pour 2003). Cette même année, le pdg de, GM présente son concept à deux sièges l' « Impact » au Los Angeles Auto Show. Entre 1996 et 1998 GM va produire 1117 EV1, dont 800 d'entre elles en location avec un contrat de 3 ans.

(a)   *(b)*

Figure 1-6(a) L'EV-1, première voiture électrique de série de l'ère moderne, (b) la Toyota Prius de 1997.

En 1997, Toyota lance la Prius, la première voiture hybride à être commercialisée en série.   18 000 exemplaires seront vendus au Japon la première année. (figure 1.6 .k).De 1997 à 2000, de nombreux constructeurs lancent des modèles électriques hybrides: la Honda EV Plus, la G.M. EV1, le Ford Ranger pickup EV, Nissan Altra EV, Chevy S-10 EV et le Toyota RAV4 EV. Cependant à partir de 2000 la voiture électrique va re-mourir à nouveau. En 2002, G.M. et DaimlerChrysler poursuivent le California Air Resources Board (CARB) pour faire annuler la loi Zero Emission Vehicle (ZEV) de 1990. Le président américain George Bush se joint à eux. En 2003 en France, Renault fait une tentative avec la sortie de sa voiture hybride Kangoo Electrode mais abandonnera la production après environ 500 véhicules. En 2003-2004, c'est la fin de l'EV1. GM va récupérer un par un tous les véhicules pour les détruire, et ce malgré plusieurs mouvements de protestation. En 2006, Chris Paine sort un documentaire intitulé Who Killed the Electric Car ? qui analyse la montée en puissance et la mort de la voiture électrique à la fin des années 90. Il s'attarde principalement à EV1 de GM. En 2007, il y avait encore 100 000 véhicules électriques en circulation aux Etats-Unis. En mars 2009, Vincent Bolloré annonce la sortie pour 2010 en location mensuelle à 330 euros de la Pininfarina Blue Car.

1.4. Généralités sur les véhicules électriques

1.4.1. Etat actuel de développement

A l'heure actuelle, l'ensemble des véhicules électriques proposés par les constructeurs disposent d'une autonomie comprise entre 70 km et 200 km. Tous ces véhicules étant équipés de batteries [10]. De nouvelles perspectives apparaissent toutefois avec l'utilisation de la pile à combustible. Cette dernière permet d'augmenter considérablement l'autonomie (400 à 450 km pour le moment) pour arriver à des valeurs proches de celles des véhicules thermiques classiques [12].

La gamme de puissance s'étale d'environ 15 kW jusqu'à environ 100 kW. Cependant, les choix sont guidés par l'utilisation de ces véhicules ; généralement, 20 à 30 kW suffisent pour un véhicule urbain alors que 40 à 50 kW sont préférables pour une voiture routière[10].

En ce qui concerne la motorisation, les moteurs à courant continu sont toujours aussi répandus, à cause de la simplicité de leur commande en vitesse variable. Cependant, on entrevoit de plus en plus une utilisation massive des moteurs alternatifs en raison de leurs plus faibles coûts. En effet, jusqu'à il y a quelques années, la commande en vitesse variable des machines alternatives était difficile à mettre en œuvre. Celle-ci demandait une puissance de calcul que les processeurs de l'époque ne pouvaient fournir ou seulement à des coûts prohibitifs. Avec les progrès de la technologie, les coûts ont diminué et la puissance de calcul n'a cessé d'augmenter, favorisant ainsi l'émergence de ces machines jusque-là réservées à des applications de plus fortes puissances [9,11].

Pour ce qui est du prix de ces véhicules, il est encore difficile à établir car les quantités produites sont très faibles, souvent ce ne sont que quelques exemplaires qui sont fabriqués. On peut cependant estimer que si les technologies d'alimentation employées (batteries, pile à

combustible) sont fabriquées à grande échelle, alors les prix seraient comparables à ceux des véhicules thermiques. En effet, le prix de l'alimentation constitue la part la plus importante du coût d'un véhicule électrique [10].

1.5. Définition d'un véhicule électrique

Un Véhicule Electrique est un véhicule dont la propulsion est assurée par un moteur fonctionnant exclusivement à l'énergie électrique. Autrement dit, la force motrice est transmise aux roues par un ou plusieurs moteurs électriques selon la solution de transmission retenue. Compte tenu des progrès scientifiques et technologiques accomplis dans le domaine de l'électronique de puissance, les systèmes de gestion de l'énergie, etc. Beaucoup d'idées et de nouvelles conceptions [5,8] sont explorées pour développer ce mode de propulsion. Toutes ces explorations sont liées à une problématique commune : la production, le transport, le stockage et l'utilisation de l'électricité.

1.5.1. Principe de fonctionnement

Dans les véhicules électriques, les éléments constituant la chaine de traction sont organisés sur le même principe que celui des véhicules thermiques. L'énergie stockée à bord est transformée par un moteur pour être ensuite transmise aux roues. La principale différence résidant dans la simplicité de cette chaine de traction électrique par rapport a son équivalent thermique : - un réservoir d'énergie, constitue d'un assemblage de batteries ; un ou des moteurs électriques ; une unité électronique/informatique de commande et un chargeur ; des câbles pour relier le tout.

Les périphériques du moteur thermique disparaissent : pompes à eau, à carburant, à huile, à injection. Aucun filtre, ni échappement, ni bougies ne sont utilisés. Le turbocompresseur est Inutile. La transmission est simplifiée, pas d'embrayage ou de boite de vitesses. Les moteurs électriques qui équipent les véhicules modernes sont dérivés de moteurs industriels. Ils sont d'une grande simplicité d'utilisation et d'une fiabilité incomparable. Conçus pour fonctionner en continu pendant des années sans entretien, ils nécessitent seulement des visites de contrôle. Cette simplicité mécanique permet de faire porter les efforts des développeurs sur l'optimisation de l'énergie consommée et la simplicité d'utilisation.

1.5.2. **Performances des véhicules électriques**

Le moteur électrique, contrairement au moteur thermique à explosion, peut délivrer, s'il est convenablement refroidi, son couple maximal dès l'arrêt [13]. Si, de plus, il peut délivrer sa puissance maximale dans une plage de vitesse suffisamment étendue, on peut éliminer, de la chaîne de traction, la boite de vitesses et les pièces d'usure comme l'embrayage, et leurs organes de commande. De plus, le moteur électrique transforme la puissance électrique en couple avec un rendement à peu près trois fois supérieur au taux de conversion de l'énergie chimique en énergie mécanique dans un moteur thermique, et ce avec un bruit de fonctionnement quasi nul.

Néanmoins, pour les véhicules électriques, se pose le problème du temps de recharge des batteries. Le temps standard de recharge des batteries d'un véhicule électrique branché sur une prise secteur classique (courant de recharge typique = 16 A) varie de 6 à 10 heures. Ce facteur, limite l'autonomie des véhicules électriques [10].

Il est donc nécessaire d'augmenter notablement les performances des véhicules électriques à plus ou moins court terme. Cela peut s'effectuer en suivant notamment les filières suivantes [10,14] :

- Utilisation de nouveaux types de batteries : Ni-MH, Li-Ion, pile à combustible ;

- Utilisation des moteurs électriques modernes, tels par exemple les moteurs à courant alternatif de dimensions réduites et à haut rendement ;
- Diminution des résistances au roulement par réduction du poids du véhicule et d'autres améliorations.

1.6. Description générale de la chaine de traction

La chaîne de traction d'un véhicule tout électrique peut être décomposée en éléments décrits dans la (figure 1.7). Il s'agit, si l'on part du réseau d'alimentation alternatif, du chargeur de batteries, de la batterie électrochimique de la source embarquée d'énergie électrique, de l'ensemble convertisseur statique du moteur électrique et le contrôle et, enfin, de la transmission mécanique dont la fonction est d'adapter la caractéristique mécanique de la charge à celle du moteur [10,15]. Pour l'analyse de la consommation totale, il faut aussi prendre en compte les auxiliaires comme le système de refroidissement (air ou eau) du moteur et de son convertisseur électronique [15].

Nous ne nous intéresserons ici qu'à la chaîne de traction proprement dite, mais il va de soi que la totalité des équipements électriques doit être optimisée pour maximiser l'autonomie du véhicule [16].

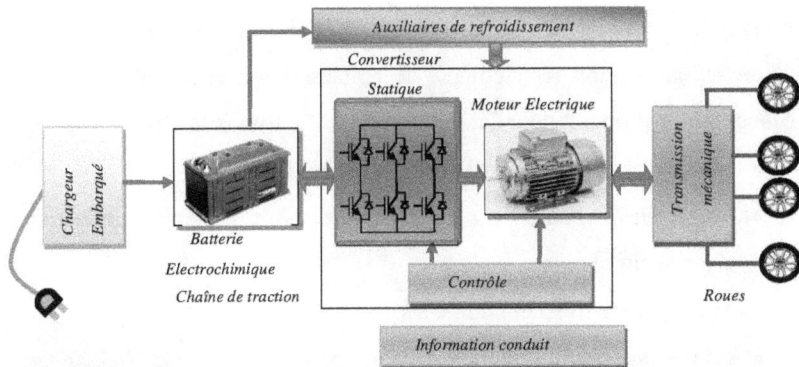

Figure 1-7 Schéma fonctionnel de la chaîne de traction d'un véhicule tout électrique.

Le graphique, (figure 1.7) que nous reproduisons établit la comparaison entre le couple fourni par un moteur à essence de 1400 cm3 avec une boîte à quatre rapports, et le couple fourni par un moteur électrique à courant continu [17].Si la vitesse reste limitée à 90 km/h, on constate que la troisième et quatrième vitesse perdent tout leur intérêt. Couple sur les roues [N.m]Moteur CC défluxé.

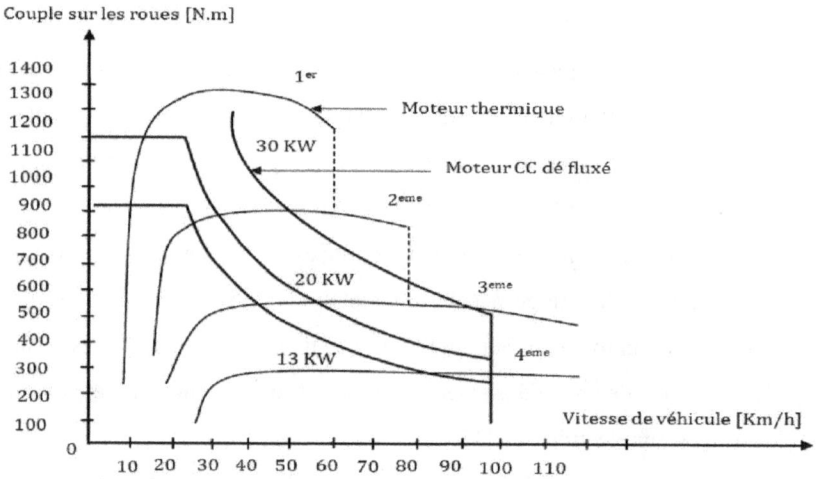

Figure 1-8 Caractéristiques couple/vitesse du moteur électrique et du moteur thermique

Les courbes couple/vitesse du moteur électrique montrent également l'exigence du cahier des charges et la difficulté de conception de cette motorisation qui doit tenir compte de nombreuses contraintes techniques, économiques et opérationnelles du marché de l'automobile [10,16, 11].

• Un excellent rendement à tout régime ;

• Couple élevé à basse vitesse, afin de pouvoir s'insérer correctement dans la circulation ;

• Un couple relativement faible à vitesse élevée ;

• Assurer un contrôle rapide du couple de propulsion et de freinage sur toute la gamme de vitesse ;

- Large plage de vitesse et à couple variable ;
- Minimiser les ondulations de couple (pour diminuer les vibrations);
- Stratégie de pilotage optimisant continuellement la consommation d'énergie ;
- Puissance massique et volumique les plus élevées possible ;
- Utilisation de matériaux peu coûteux ;
- Réduction du nombre de semi-conducteurs de puissance ;
- Robustesse, faible niveau de bruit, ne pollue pas et s'adapte à toutes les situations...etc.
- Il doit pouvoir tourner et freiner dans les deux sens de rotation ;
- Une construction à masse volumique la plus faible possible ;
- Possibilité de récupération de l'énergie au freinage ou en décélération.

1.7. Le Moteur Electrique d'Entrainement

Les performances globales d'un véhicule électrique dépendent amplement du type de moteur d'entrainement employé. Un moteur électrique convient beaucoup mieux à la propulsion d'un véhicule qu'un moteur thermique. Les voitures électriques pourraient donc avoir une meilleure efficacité au cours de la conversion d'énergie en plus de ne pas produire les émissions associées au processus de combustion avec un bruit inferieur. De plus, un moteur électrique offre un couple élevé et s'adapte a toutes les situations. Il peut récupérer sa propre énergie, celle de la décélération. Si pour un véhicule thermique les freins transforment l'énergie cinétique en chaleur qu'il n'est guère possible de réutiliser. En revanche Le véhicule électrique, dès que le conducteur relâche l'accélérateur, les roues motrices renvoient progressivement l'énergie cinétique du véhicule au moteur électrique, qui devient alors une génératrice et recharge les batteries. De manière spécifique, le choix du moteur électrique de propulsion et de sa transmission de puissance est détermine au départ par les caractéristiques de fonctionnement suivantes [18, 19,20] :

- Assurer un démarrage en cote du VE (couple élevé),
- Obtenir une vitesse maximale,
- Stratégie de pilotage optimisant continuellement la consommation d'énergie (aspect rendement : rendement élevé en étant employé à différentes vitesses).

Ces quelques caractéristiques typiques requises pour les machines utilisées dans les systèmes de propulsion électrique, sont bien illustrées sur la figure 1.9 exhibant l'évolution du couple/puissance-vitesse.

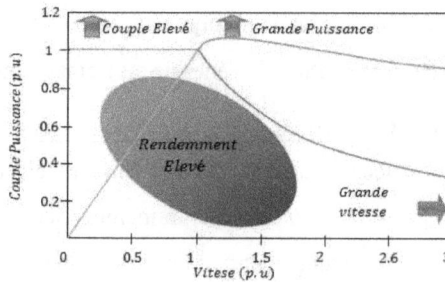

Figure 1-9 Couple/Puissance-Vitesse requises pour VE[20].

Les fabricants des véhicules électriques emploient habituellement différents types de moteurs d'entrainements en tant qu'élément indispensable dans la chaine de leur système de propulsion. Ceux-ci peuvent être de divers types tels que : le Moteur a Courant Continu (MCC), à Induction (MI), Synchrone a Aimant Permanent (MSAP), à Reluctance Variable (MRV) etc. Certains des modèles du VE utilisés par différentes compagnies sont énumères ci-dessous (Tableau 1.1), avec le type du moteur utilisé.

En plus des caractéristiques de fonctionnement citées précédemment, d'autres considérations importantes de conception sont à prendre en considération à savoir : coût acceptable et encombrement.

1.7.1. Moteur à courant continu à excitation séparée

Les moteurs à courant continu à excitation séparée, sont commandés par un hacheur de puissance agissant sur l'induit du moteur et un hacheur de plus faible puissance commandant l'excitation ou inducteur. Dans la traction électrique automobile, c'est le système le plus employé. En effet, le moteur de LEROY Sommer qui entraîne la plupart des véhicules électriques en circulation est un moteur à courant continu conçu à partir des modèles destinés à la traction industrielle. L'électronique permet d'optimiser la valeur de consigne du courant d'induit et d'excitation, en fonction de la caractéristique couple/vitesse désirée, grâce à un système de thyristors relativement simple et peu coûteux [21].

1.7.2. Moteurs à courant continu à aimant permanent

Les moteurs à courant continu à aimant permanent sont actuellement en pleine expansion dans l'industrie. Cette technologie permet d'obtenir des moteurs encore plus légers avec un meilleur rendement que les précédents. Malheureusement, ces aimants font appel pour leur composition, à des terres rares, dont le coût est très élevé. Ils sont également très sensibles aux montées en température.

1.7.3. Moteurs asynchrones

Deux types de machine asynchrone peuvent être distingués : la machine asynchrone à rotor à bagues et la machine asynchrone à cage d'écureuil. Cette dernière est la plus répandue. Son niveau de robustesse et de fiabilité allié à un faible coût en a fait une machine de référence [22.23].

Leur commande nécessite l'emploi d'un onduleur électronique. Sa fonction est de convertir le courant continu des batteries en courant alternatif triphasé, et de contrôler avec précision le fonctionnement du moteur pendant les phases d'accélération et en régime de croisière. De plus, l'onduleur transforme le courant alternatif généré par le moteur durant les décélérations et le freinage en courant continu pour recharger la batterie et améliorer le frein moteur. Pour assurer la régulation, l'onduleur augmente ou diminue la fréquence du courant alternatif fourni au moteur en fonction de la demande du conducteur, donc de la position de la pédale d'accélérateur. Cette fonction de régulation sera réalisée dans un futur proche par un système de contrôle vectoriel. L'arrivée de l'électronique a surtout permis d'augmenter considérablement la vitesse de rotation et de passer de 3 000 tr/mn à 15 000 tr/mn.

1.7.4. Moteurs synchrones à aimants permanents

Les moteurs synchrones à aimants permanents ont une puissance massique et un rendement élevés. Leurs coûts élevés restent le plus gros handicap. Des ferrites peuvent être utilisées mais elles ne présentent pas des performances excellentes. Par contre, les aimants à terres rares, Samarium-Cobalt ou Fer-Néodyne-bore sont plus intéressants. Un des inconvénients de cette machine est l'impossibilité du réglage de l'excitation.

Le champ de l'aimant varie avec le temps et la température mais de manière non significative. Pour atteindre des vitesses élevées, il sera nécessaire d'augmenter le courant statorique afin de démagnétiser la machine. Ceci entraînera inévitablement une augmentation des pertes joule statorique.

1.7.5. Moteur synchrone à inducteur bobiné

Ce moteur peut présenter une alternative très intéressante. En comparaison avec le moteur synchrone à aimants permanents. Il dispose d'un degré de liberté supplémentaire : le réglage du flux d'excitation. En effet, cela ouvre une large palette d'algorithmes de commande : compensateur synchrone, facteur de puissance unitaire, couple maximal, minimisation des pertes.

1.7.6. <u>Moteur à réluctance variable</u>

Ce moteur présente un faible coût. Néanmoins, la principale difficulté reste la commande. En effet, ce moteur produit un couple très pulsatoire à haute vitesse engendrant des problèmes de vibrations mécaniques et génère un bruit acoustique supérieur à tous ses concurrents. Ceci est une des conséquences de son principe de fonctionnement.

D'autres technologies comme les moteurs-roues encore en phase de mise au point, pourraient présenter des avantages spécifiques indéniables qui devraient jouer un rôle décisif dans le développement du véhicule électrique [24].

Chacun des moteurs a des avantages et des inconvénients, mais ce sont essentiellement les notions de cout et de difficulté de la commande qui s'affrontent. La tableau 1.2 est résume bien, de manière qualitative, les avantages et les inconvénients des principaux types de moteurs utilisés dans les véhicules électriques.

De plus, la tableau 1.3 résume l'ordre de grandeur de puissance maximale nécessaire pour les différentes catégories de véhicules. Ces quelques exemples permettent de constater qu'il est possible de réaliser une motorisation électrique sur de nombreux types de véhicules. Dans notre cas, le choix est porte sur le moteur a induction.

D'une part, cette machine est la plus utilisée dans les applications industrielles permettant une large variation de vitesse, une haute précision de régulation et de hautes performances en couple sont requises. D'autres part, c'est parce qu'elle bénéficie de la plus grande expérience en matière de moteurs électriques sans collecteur qu'elle est souvent retenue pour la motorisation des automobiles électriques et commence a être utilisée dans les chariots de manutention.

Dans les grandes puissances (jusqu'a plus de 10 MW), c'est la machine qui est la plus utilisée, elle continue a occuper, ainsi, une place de choix en traction ferroviaire [11].

Tableau 1-1 Comparaison des différents Moteurs [18]   + : avantage 0 : neutre - : désavantage

Choix

	Moteur à Courant Continu	Moteur à Induction	Moteur Synchrone à aimants permanent	Moteur à Reluctance
Rapport Puissance /Poids	0	+	++	+
Vitesse de rotation max	-	+	+	+
Rendement (%)	80-85	85-90	90-95	90-94
Contrôlabilité	++	+	+	+
Maintenance	-	+	0	+
Coût du moteur	-	++	-	+

Tableau 1-2 Puissance Maximale Nécessaire pour divers Véhicules [11]

Type de Véhicule	Puissance Maximale
Bicyclette assistée	100 à 400 w
Scooter	2kw
Motocyclette sportive	14 à 25 kw
Voiturette	8kw
Voiture urbaine	20 à 40 kw
Voiture routière	50 à 70 kw

Le choix de moteur électrique d'un véhicule est généralement une tâche fastidieuse. Il faut dans un premier temps déterminer avec suffisamment de précision, le travail qui sera accompli par chacun des moteurs. Evidemment, pour pouvoir validée un moteur, il faut connaître les spécifications et les performances que nous voulons atteindre. Le problème est toutefois beaucoup plus simple, lorsque nous connaissons les caractéristiques du moteur ainsi que le travail qu'il doit accomplir et que nous désirons le valider. Le moteur en question est un moteur triphasé asynchrone à cage d'écureuil, alimenté à fréquence variable.

Le moteur asynchrone à cage d'écureuil, alimenté lui aussi par onduleur triphasé, est une solution envisagée par de nombreux constructeurs, car ce moteur est bien connu et, surtout, on possède l'expérience de sa fabrication et dont le rotor peut avoir un diamètre relativement réduit, d'où une influence favorable sur le prix d'établissement, sur son volume (faible), sur son poids (modeste) et sur son entretien (quasi inexistant).

Ainsi, la cage d'écureuil autorise des vitesses périphériques de 150 m/s moyennant un bon équilibrage [25]. Le "fonctionnement à puissance constante" est aussi possible mais la plage de vitesse est limitée par le rapport du couple maximal (sommet de la caractéristique de couple à flux maximal) sur le couple "nominal". Cette contrainte conduit, quelquefois, à sous utiliser le moteur en couple (nominal) pour étendre sa plage de vitesse [15].

1.8. Convertisseur statique

Suivant l'utilisation de machines à courant continu ou à courant alternatif, les convertisseurs d'énergie devront être différents. L'utilisation d'un hacheur permettra d'effectuer une conversion de type continu/continu pour alimenter une machine à courant continu ou l'inducteur d'une machine synchrone. L'onduleur permettra de faire la conversion continu / alternatif pour le stator des machines asynchrones ou synchrones.

1.9. Contrôle électronique

Le contrôle électronique permet d'effectuer une optimisation au niveau de la batterie et du moteur et de faire en permanence un autodiagnostic. Il gère tous les ordres du conducteur en fonction de la capacité du véhicule électrique. C'est la raison pour laquelle, il reçoit une quantité d'informations telles que la vitesse de rotation, et les couples électromagnétiques. Cela lui permet, d'une part, d'effectuer un bilan sur l'état du véhicule, et d'autre part, d'ajuster les différentes commandes appliquées au moteur électrique afin de gérer au mieux la consommation d'énergie.

Ainsi, l'une des priorités de la commande est d'optimiser le rendement de la chaîne de traction quels que soient les points de fonctionnement. Les paramètres d'alimentation du moteur électrique devront ainsi être constamment optimisés, non seulement en fonction du couple et de la vitesse, mais aussi en fonction de la tension de la batterie fortement fluctuante en fonction de l'état de charge, de l'intensité consommée et de son signe [10]. Ceci est parfaitement possible avec des processeurs numériques maintenant couramment utilisés pour le pilotage des moteurs électriques.

1.10. Transmission mécanique

L'objet de la transmission mécanique est de relier la source d'énergie, le(s) moteur(s) électrique(s), aux roues motrices du véhicule ; il s'agit d'adapter la vitesse et le couple du moteur aux exigences fonctionnelles du véhicule.

Un moteur électrique a un volume et une masse fonction de son couple. Aussi pour réduire la masse embarquée et le coût de la motorisation, on préfère généralement associer le moteur à un réducteur mécanique. Ceci permet de réduire le couple que doit fournir le moteur en augmentant sa vitesse de rotation .A priori, on a tout intérêt à maximiser la vitesse du moteur électrique sachant qu'il existe des limites de faisabilité et que la masse du réducteur reste généralement faible devant celle du moteur [10]. Cependant, des problèmes technologiques difficiles se posent comme la réalisation des pignons à très grande vitesse et l'obtention de bons rendements avec de grands rapports de réduction [26].

Habituellement, un bon réducteur de rapport *m* permet d'obtenir un rendement d'environ 98%. Les valeurs de *m*, couramment rencontrées dans la transmission des véhicules électriques, sont comprises entre 5 et 12 environ pour les réducteurs, et 8 à 25 pour les boites de vitesse [26].

Les avantages de la transmission mécanique sont nombreux :

• Elle évite un surdimensionnement du moteur et permet donc de limiter les coûts du convertisseur statique et les batteries. En effet, le réducteur permet de réduire le couple que doit fournir le moteur et donc la masse et le coût de celui-ci.

• Elle autorise également des puissances massiques plus élevées.

1.11. Sources d'énergie

Un des problèmes majeurs du véhicule électrique est la source d'énergie. Dans cette section, nous présentons de manière succincte deux voies technologiques possibles : les batteries et les piles à combustible.

1.12. Batteries

Pour les véhicules électriques, la technologie utilisée actuellement est celle des batteries. Ces éléments permettant de stocker de l'énergie doivent remplir les conditions suivantes :

• Une bonne puissance massique (rapport puissance/poids) permettant de bonnes accélérations [10,27].

• Une bonne énergie massique (Wh/Kg) étant synonyme d'une bonne autonomie.

• Une tension stable engendrant des performances régulières.

• Une durée de vie élevée, calculée en nombre de cycles chargement/déchargement, conduisant à une diminution du coût pour l'utilisateur.

• Disposer d'un faible entretien et constitués d'éléments facilement recyclables.

La batterie est peu onéreuse et demande peu d'entretien. Néanmoins, ses performances ne sont pas très élevées et elle possède une durée de vie trois fois moindre que celle de la pile à combustible. Sur la Figure 1.10 sont classifiées les batteries soulon leurs énergies spécifiques et leurs énergies volumiques.

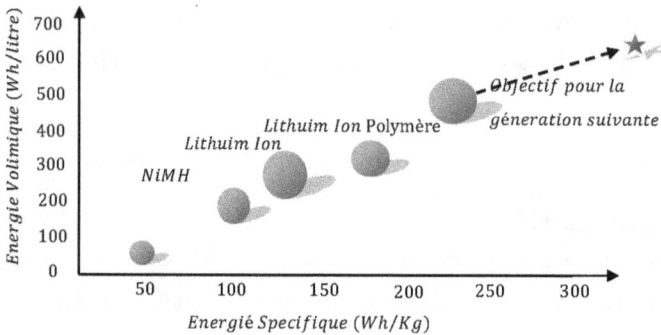

Figure 1-10 Comparaison de la densité d'énergie pour les différentes technologies de batteries

1.13. **Pile à combustible**

La pile à combustible peut être une autre source d'énergie pour le véhicule électrique ainsi que pour d'autres applications. Cette dernière est peu polluante, possède une énergie massique plus importante et est entièrement recyclable, cela permettrait de passer à une autonomie supérieure à 400km .Néanmoins, beaucoup de progrès restent à faire en matière de fiabilité, de longévité, et de sécurité.

1.14. **Les différentes structures de véhicules électriques.**

Après avoir étudié les raisons du renouveau du véhicule électrique, nous abordons maintenant une description plus précise. Nous avons vu qu'un problème majeur du véhicule électrique était le transport de son énergie de propulsion. On distingue ainsi couramment le véhicule tout électrique du véhicule hybride, selon qu'il utilise ou non une source d'énergie différente de la source électrochimique (i.e. la batterie).

1.14.1. Le véhicule tout électrique (VTE).

Il s'agit d'un véhicule qui possède uniquement un accumulateur comme source d'énergie. La structure est donnée par le schéma de la (figure 1.12). Les avantages du VTE sont l'absence totale d'émission gazeuse, ce qui rend localement le véhicule très écologique ; 3. 94 % des trajets sont inférieurs à 30 km et 80 % sont des déplacements de proximité.

Localement, il ne faut pas oublier le problème de la production primaire d'énergie électrique et celui du recyclage des batteries ainsi que le très faible niveau sonore du véhicule, qui est uniquement provoqué par le roulement de ses roues et éventuellement le "sifflement" de l'alimentation à basse vitesse. Les inconvénients du VTE sont essentiellement liés à la batterie :

• Une puissance massique limitée par les batteries ;

• Une autonomie faible ; notons à ce sujet que le volume de batterie doit être correctement choisi. Car une augmentation de celui-ci peut à priori permettre d'améliorer l'autonomie en augmentant l'énergie disponible, mais elle rajoute une masse supplémentaire au véhicule et par conséquent l'énergie nécessaire à la traction augmente .En résumé, il existe une masse optimale de batterie qui permet de maximiser l'autonomie.

Ainsi, le VTE semble bien adapté pour les petits véhicules urbains [7]. En effet, ceux-ci ne sont pas trop pénalisés par la limitation de la puissance et de l'autonomie et le problème des pollutions gazeuse et sonore est essentiel pour eux.

1.14.2. Différentes configurations de véhicules électriques

On envisage actuellement deux types de véhicules électriques :

• les véhicules à motorisation purement électrique : véhicules électriques ;

- les véhicules à motorisation mixte électrique et thermique : véhicules hybrides.

Le présent chapitre ne concerne que les véhicules électriques, qui se trouvent actuellement au stade de la présérie industrielle. Notons, de plus, que la motorisation hybride actuelle, outre son coût élevé, présente un rendement global faible, car l'énergie primaire subit de très nombreuses conversions (thermodynamique, mécanique, électrodynamique, électrochimique).

Notre objectif, n'est pas de faire un état de la technologie des véhicules électriques, mais d'établir une liste non exhaustive de quelques ébauches de solutions aux problèmes de la motorisation d'un véhicule électrique. Cette dernière, est proposée sous une forme soit monomoteur, soit multi-moteurs.

1.14.3. Véhicule électrique mono-moteur

Le véhicule électrique mono-moteur présente une seule chaîne de traction, Figure 1.11.

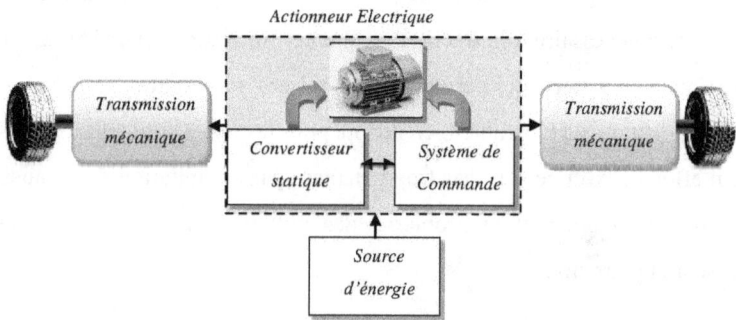

Figure 1-11 Chaîne de traction mono-moteur .

La figure 1.12 montre trois exemples schématiques de motorisation mono-moteur [26]:

Un seul moteur électrique + réducteur fixe + différentiel, figure(1.12.a);

Un seul moteur électrique + embrayage + BV + différentiel, (figure I.12.b);

Un seul moteur électrique + boite de transfert + BV + deux différentiels, (figure 1.12.c);

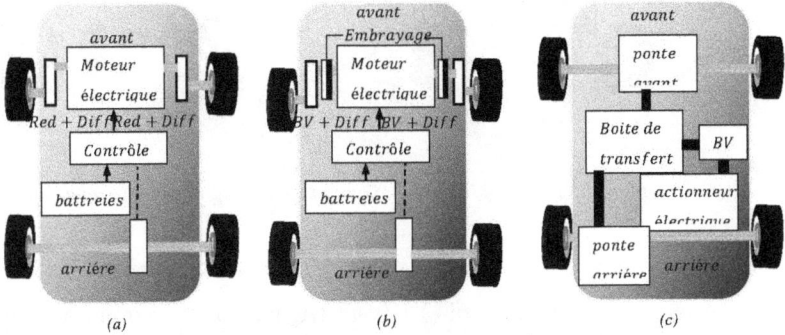

Figure 1-12 Exemples schématiques de motorisations mono-moteur

1.14.4. Véhicule électrique multi-moteurs

Le véhicule électrique multi-moteurs présente plusieurs chaînes de traction indépendantes,(figure 1.13).Il peut sembler à priori intéressant de motoriser indépendamment les roues pour supprimer les organes de transmission mécanique comme la boite de vitesse, l'embrayage et le différentiel mécanique.

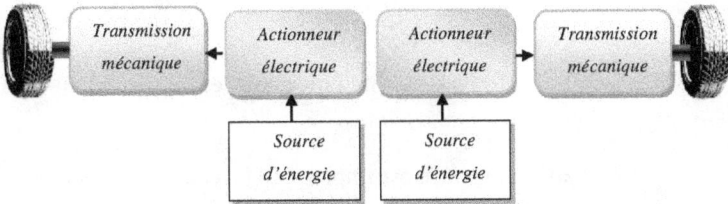

Figure 1-13 véhicule multi-moteurs

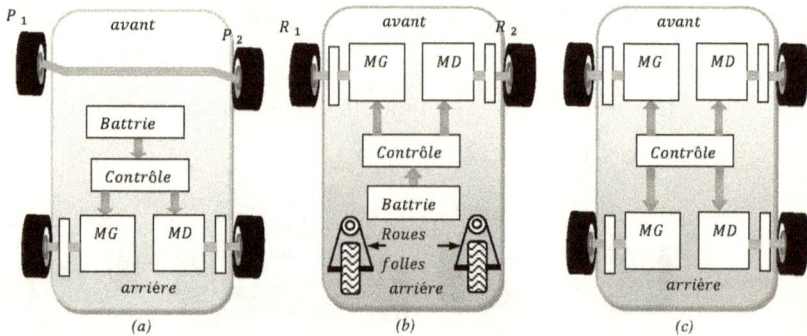

Figure 1-14 Exemples schématiques de motorisations multi-moteurs.

On peut donc réaliser des véhicules à deux roues motrices, soit à l'arrière (figure 1.14.a) soit à l'avant (figure 1.14.b), ou encore à quatre roues motrices (figure 1.13.c) [26].

1.15. Direction avec essieu brisé

C'est le principe bien connu de l'automobile, (figure 1.14.a) les roues motrices disposées à l'arrière, et les roues directrice [28].

La direction par essieu brisé réalise une véritable séparation des fonctions motrices et directrices. Cette séparation :

• Facilite la conduite du véhicule (effort de braquage faible) ;

• Favorise la stabilité du véhicule (réaction produite par le choc d'un obstacle avec une roue est faible).

Cette solution présente néanmoins quelques inconvénients majeurs [28] :

• La rotation sur place est impossible (rayon de courbure est assez grand);

• La commande du braquage nécessite une mécanique sophistiquée ;

• Un encombrement important : une grande partie de l'espace central du véhicule est occupé par le système de direction-propulsion.

1.16. Direction par roues différentielles

Ici deux roues R_1 et R_2 indépendantes rigides au pivotement réalisent à la fois la propulsion et la direction. L'orientation est obtenue par différence de vitesse des deux roues motrices, et l'équilibre de la plate-forme est garanti par des roues libres à l'arrière, figure 1.14.b. Les roues libres seront toujours orientées de telle façon à présenter la moindre opposition au roulement sans glissement.

La rigidité au pivotement des roues motrices évite tous les phénomènes de dandinement des roues directrices, c'est à dire les oscillations incontrôlées des roues autour de leur axe de pivotement, dues au passage d'un obstacle, où aux irrégularités du sol [28].

Grâce à la totale indépendance des deux roues, la configuration qui a été choisie est la structure à roues différentielles. Nous n'énumèrerons pas les qualités et les défauts de chacune des configurations puisque cela serait trop long. Par contre nous pouvons justifier le choix effectué en mentionnant les principales qualités de cette configuration [28,25,30] :

• En cas de rencontre avec un obstacle ou en cas de glissement de l'une des deux roues, l'autre peut ne pas en être affectée ;

• Les inerties des deux roues ne s'ajoutent pas, ce qui diminue le risque de glissement à vitesse élevée lors des virages rapides du véhicule notamment ;

• Le perfectionnement de la stabilité latérale de véhicule ;

• Symétrie : Ceci constitue le point fort de cette structure. La symétrie permet des performances intéressantes en rotation puisque le centre de masse est situé le plus proche au centre de l'axe des deux roues motrices ;

• Un gain en mobilité grâce à un meilleur contrôle de la motricité ;

• Un gain en consommation de plus de 20% grâce aux nouvelles stratégies de gestion de l'énergie;

- La génération de couple électrique est très rapide et précise, à la fois pour l'accélération et la décélération. De plus, la génération anti-directionnelle de couple est possible, en agissant seulement sur le signe du couple de consigne ;

- Le couple moteur de chaque roue motrice peut être contrôlé indépendamment, ce qui entraîne un contrôle efficace de véhicule notamment dans les virages ;

- Une flexibilité d'architecture permettant des concepts modulaires compacts ;

- Prix réduit : dans un véhicule classique, on a besoin de matériels additionnels coûteux, par exemple, boite de vitesse, actionneurs de frein et embrayage. En revanche, la commande de traction pour un véhicule électrique peut être réalisée seulement par un logiciel, donc à prix réduit et peut avoir des performances élevées ;

- Réponse rapide : dans un véhicule classique, le temps de réponse est beaucoup plus lent .Ceci est dû au système mécanique (plus de 200ms nécessaire pour ouvrir la boite de vitesse). Tandis que, le temps de réponse du couple d'un moteur électrique est de moins de 10ms.

En plus, cette configuration est préférable pour réaliser le différentiel de vitesses qui est notre objectif. Un différentiel électrique de vitesses a pour but d'assurer une trajectoire droite, si les deux roues motrices tournent exactement à la même vitesse et, dans une trajectoire courbée, si la différence entre ces deux vitesses assure une trajectoire sans dérapage.

Les moteurs peuvent être associés à un réducteur fixe, figure 1.15 pour accroître le couple massique. Ils peuvent aussi entraîner directement la roue dans laquelle ils sont intégrés, (figure I.16). Dans ce cas, il est nécessaire d'avoir recours à des moteurs à très fort couple massique et, généralement, à rotor extérieur.

Figure 1-15 Ensemble intégré moteur-réducteur

Le groupe moteur-roue est en général assez compact et ne nécessite que très peu d'entretien. De plus, il ne génère que très peu de vibrations et presque pas de bruit.

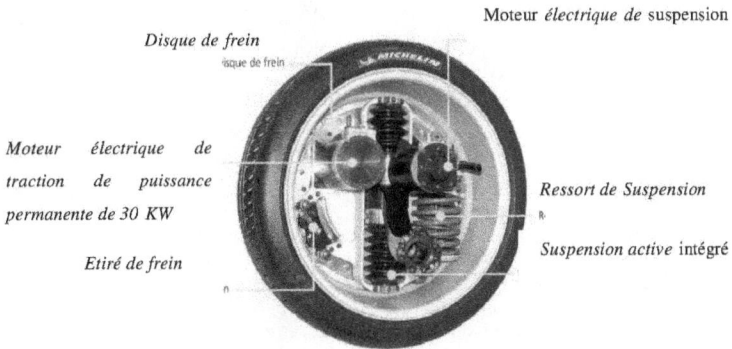

Moteur *électrique de* suspension

Disque de frein

isque de frein

Moteur électrique de traction de puissance permanente de 30 KW

Ressort de Suspension

R

Etiré de frein

Suspension active intégré

n

Figure 1-16 L'Active Wheel de Michelin intègre les moteurs de la voiture

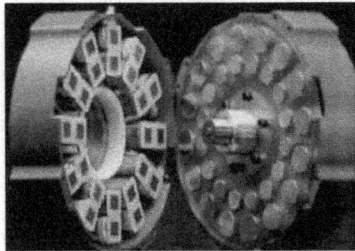

Figure 1-17 Le moteur de Phoenix à flux axial offre 30% d'autonomie supplémentaire aux voitures électriques

Les avantages du moteur-roue par rapport à une structure classique sont [28] :

- Gain de place à l'intérieur du véhicule, ce qui est très important pour les applications

  type robot où l'on rencontre de gros problèmes de volume embarqué.

- Les efforts sont créés au plus près de leur utilisation.

- Absence de liaisons mécaniques tournantes (accouplement, courroie,...) entre

  l'actionneur et la roue ;

- Gain de volume et de masse.

  La structure moteur-roue est modulaire, ce qui apporte :

- Simplicité pour la maintenance ;

- Une possibilité de changer facilement les caractéristiques de propulsion du véhicule (puissance disponible, caractéristiques couple-vitesse) par substitution de module.

  Cependant, en dépit de ses avantages évidents (Simplification de la chaîne de transmission mécanique), Cette structure présente aussi quelques inconvénients parfois rédhibitoires pour certaines applications :

- Nécessite un pilotage électrique plus complexe coordonnant deux ou quatre systèmes de propulsion.

- Difficulté de réalisation : volume disponible réduit, composants standards mal adaptés (moteurs et réducteurs);

- L'augmentation de la masse de la roue entraîne des problèmes accrus pour son équilibrage ;

- Une augmentation de la complexité du moteur (insertion dans une roue, rotor extérieur, frein dans le stator, ...) et donc un coût plus élevé.

1.17. Le véhicule électrique et le moteur-roue

Caractérisé par des zones de fonctionnement sur des trajets typiques (trajet en ville, sur route, sur autoroute, ou mixte). Pour une détermination précise de ces zones, on peut réaliser des relevés expérimentaux de couple et de vitesse (ou de puissance et de vitesse) sur le moteur d'un véhicule déjà existant ou on peut éventuellement utiliser des résultats provenant de simulation. Ainsi, on est renseigné sur l'enveloppe limite des points de fonctionnement mais aussi sur leur densité d'apparition. On en déduit des points de fonctionnement statistiquement les plus fréquents, pour lesquels il faudra particulièrement travailler le dimensionnement du moteur, notamment le rendement dans un objectif d'amélioration d'autonomie.

Des caractéristiques limites typiques dans les plans couple/vitesse et puissance/vitesse sont respectivement représentées sur la figure 1.18 et la figure 1.19. Elles définissent une enveloppe de points de fonctionnement, c'est-à-dire que tous les points possibles du véhicule seront inclus dans la zone du plan couple/vitesse (ou puissance/vitesse) délimitée par la courbe et les deux axes de coordonnées. Cette courbe limite définit deux fonctionnements classiques. Le premier est à couple maximum constant ; il correspond aux faibles vitesses où l'on cherche à avoir les meilleures accélérations possibles ou à démarrer dans des pentes très élevées. Le second est à puissance maximale constante. Dans cette plage de vitesse, le couple nécessaire au véhicule diminue avec l'augmentation de la vitesse. En effet, lorsque la vitesse croît, la puissance est progressivement utilisée pour lutter contre les frottements de l'air et non plus pour disposer d'accélération et pour la vitesse maximum, le couple ne sert qu'à équilibrer les forces de frottement de l'air sur le véhicule. La caractéristique de la (figure 1.7) montre qu'il n'est pas nécessaire de fournir le couple maximum sur toute la plage de vitesse ; la portion de travail à puissance constante peut être obtenue par défluxage. Les moteurs synchrones ou à courant continu à excitation bobinée sont donc avantageux par rapport aux mêmes moteurs à aimants permanents car on peut facilement régler le flux par action sur le courant d'excitation. Cependant, l'excitation bobinée est source de pertes Joule et nécessite un système de contacts tournants dans le cas de la machine synchrone.

Il existe des techniques de dé fluxage des machines synchrones à aimant en ajustant le déphasage entre les fondamentaux de la force électromotrice et du courant d'une même phase, par la commande électronique. Si les contraintes de dimensionnement en couple et en vitesse sont définies par des portions du plan couple/vitesse, on peut néanmoins définir deux points de fonctionnement extrêmes qui caractérisent bien les possibilités électromécaniques d'un moteur-roue : si le moteur peut atteindre ces points de fonctionnement, il pourra atteindre tous les autres. Le premier point est celui à couple et à puissance maximaux. La vitesse Ω_{base} de ce point est appelée la vitesse de base. Si le moteur peut fournir le couple maximal à la vitesse Ωbase, il peut fournir le couple sur toute la plage $[0,\Omega_{base}]$. Le second point est le point à puissance et à vitesse maximales. On l'appelle souvent improprement le point nominal. Si le moteur peut fournir la puissance maximale jusqu'à la vitesse Ωmax et le couple maximal à la vitesse Ω_{base}, alors, d'un point de vue électromécanique, le moteur est capable d'atteindre tous les points de fonctionnement qu'englobe la caractéristique de la (figure 1.18).La diminution du flux créé par l'inducteur d'une machine électrique permet d'augmenter sa vitesse de rotation en diminuant son couple et maintenant la puissance constante. En effet, pour un moteur destiné intrinsèquement à fonctionner à vitesse et charge variable sur des cycles de fonctionnement très divers, la notion de point nominal n'a plus vraiment de sens. On peut introduire plutôt les notions de points extrêmes et de points statistiquement les plus fréquents ou points moyens.

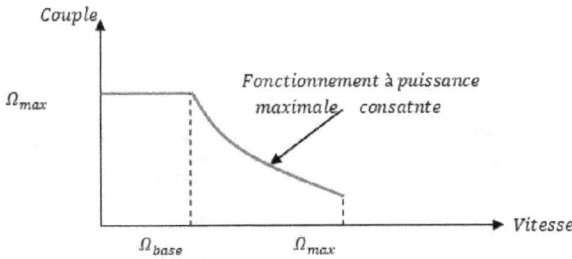

Figure 1-18 Caractéristique classique du couple d'un moteur de traction d'un véhicule en fonction de sa vitesse de rotation.

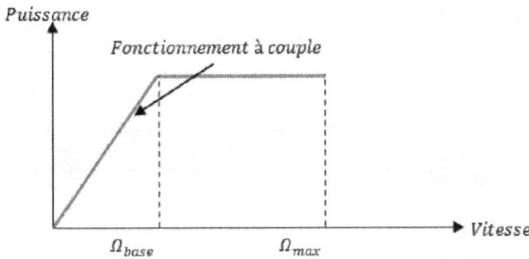

Figure 1-19 Caractéristique classique de la puissance d'un moteur de traction d'un véhicule en fonction de sa vitesse de rotation.

1.18. Le véhicule hybride (VH).

Un VH est un véhicule qui utilise à la fois une source d'énergie électrochimique et une source d'énergie thermique. Deux types de VH existent selon l'association des sources d'énergie.

1.18.1. Le véhicule hybride parallèle (VHP).

La première idée est de faire deux véhicules en un, en bénéficiant des avantages de chacun. Le VHP possède ainsi deux moteurs fonctionnant en parallèle (d'où le nom) : un électrique et un thermique. Les deux moteurs sont utilisés séparément et on résout alors le problème écologique du moteur thermique en ville, en fonctionnant en mode électrique et celui de l'autonomie du véhicule électrique pour les grands déplacements hors des agglomérations en fonctionnant en mode thermique. Le schéma de principe d'un tel véhicule est donné sur la figure 1.20.

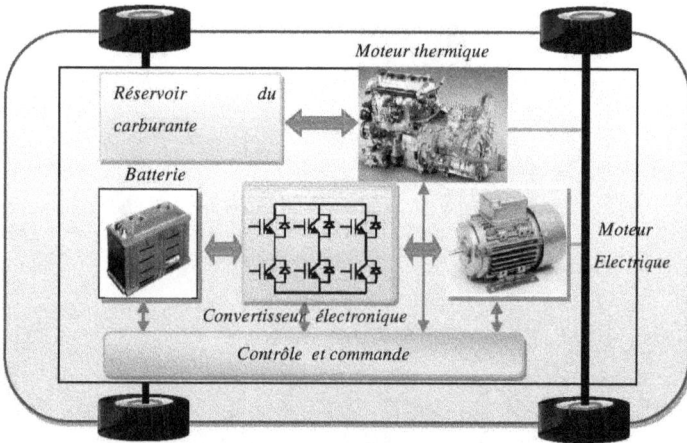

Figure 1-20 Schéma de principe d'un véhicule "hybride" parallèle.

Les avantages du VHP sont :

- des performances et une autonomie comparables à celles d'un véhicule thermique ;
- l'émission zéro en mode électrique.

Les inconvénients du VHP sont :

- l'importance du système de motorisation lourd et volumineux, ce qui augmente la masse du véhicule et limite la place disponible tout en augmentant le coût du véhicule ;
- une utilisation peu rationnelle de l'énergie disponible avec une redondance de fonctionnalité entre les deux moteurs.

1.18.2. Le véhicule hybride série (VHS).

Dans ce cas, le principe repose sur le fait que l'énergie électrique utilisée par le moteur électrique peut être produite par un alternateur entraîné par un moteur thermique fonctionnant à vitesse de rotation constante. Les deux moteurs sont donc en série, d'où l'appellation. On peut alors choisir la vitesse de rotation du moteur thermique de manière à obtenir un rendement maximum et par conséquent augmenter la quantité de carburant brûlée dans un cycle moteur, ce qui implique une diminution des rejets gazeux. Par ailleurs, la signature acoustique du moteur thermique peut être améliorée pour la vitesse de rotation fixe choisie. Le schéma de principe d'un tel véhicule est donné sur la (figure1.21). La plus grande partie de l'énergie électrique nécessaire au fonctionnement du moteur électrique est fournie par la génératrice. La batterie est là uniquement en tampon pour fournir des pointes d'énergie ou pour fonctionner en mode tout électrique. Les avantages du VHS sont :

- une autonomie et une puissance disponible comparable à un véhicule thermique ;
- une gestion globale de l'énergie présente dans le système (thermique et électrique) ;
- un sous-dimensionnement de la batterie qui ne devient plus limitative d'un point de vue énergétique ; possibilité (réduite) de mode zéro émission (aucune émission gazeuse).

L'inconvénient majeur du VHS est l'importance du système de motorisation de même que pour le VHP, avec les mêmes conséquences d'augmentation de la masse, du coût et la diminution de la place disponible.

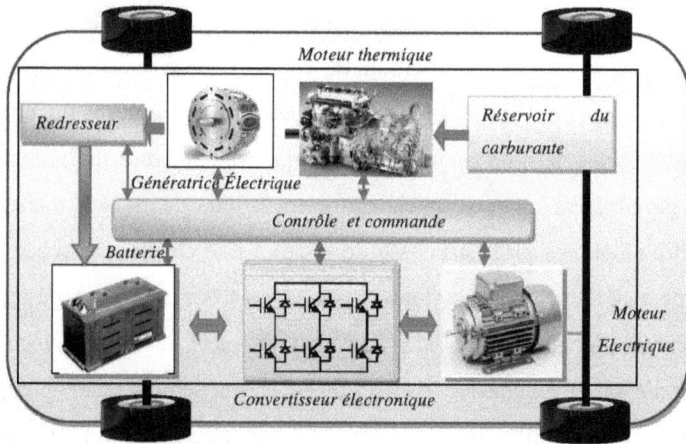

Figure 1-21 schéma de principe d'un véhicule hybride série.

Les applications des VHP et VHS sont sensiblement les mêmes. Il s'agit de gros véhicules pour lesquels la place et la masse du système de motorisation ne sont pas un problème alors que la puissance et l'autonomie doivent être importantes. On pense à des camions de transport de marchandises, à des bus ou des véhicules militaires pour lesquels l'option tout électrique est surtout intéressante du fait de la diminution des signatures acoustiques et thermiques. Le tableau 1.3 fixe des ordres de grandeur pour les différents paramètres mécaniques décrits dans ce paragraphe et pour quatre véhicules typiques.

Tableau 1-3 Ordre de grandeur de quelques caractéristiques mécanique pour des véhicules typique.

	Bus	Voiture	Scooter	Vélo
Masse totale en charge (kg)	15000	2000	25	100
Coefficient de roulement estimé (dN/tonne)	1	10	10	2
Maître couple(m^2)	5	3	0.7	0.5
Coefficient de pénétration dans	0.7	0.35	0.8	0.8
Nombre de roues motrices (moteur –roues)	2/4	2/4	1	1
Diamètre de roulement des	1000	650	500	700

roues				

1.19. Les voitures récentes

La première voiture électrique réellement « moderne » de par sa technologie, et produite en série, a été la EV1 de General Motors, développée spécialement pour répondre aux sévères lois anti-pollution californiennes (programme ZEV, pour Zero Emission Vehicle). Construite à 1 117 exemplaires entre 1996 et 1999, elle est proposée en leasing sans option d'achat, et améliorée plusieurs fois (nouvelles batteries Nickel-Metal Hydride beaucoup plus performantes). En 2003, le programme est subitement arrêté, les voitures récupérées par GM et détruites[33], sauf quelques exemplaires conservés pour la recherche. Son Cx de 0,19 était tout à fait exceptionnel pour une auto de série.

(a)   (b)

Figure 1-22 (a) Véhicule électrique la Tesla Roadster, (b) La Tesla model S une capacité de 483 km .

La compagnie californienne Tesla Motors vend depuis 2008 une petite voiture de sport. La Tesla Roadster est une voiture électrique dont l'énergie provient uniquement d'une batterie de lithium. Malgré son prix de 84 000 à 100 000 euros, elle rivalise facilement avec des voitures trois fois plus chères. Zéro émission, 340 km d'autonomie, 0-100 km/h en moins de 4 secondes et une vitesse de pointe à 212 km/h, elle se recharge en quelques heures.

Plus récemment la firme a présenté sa berline familiale de luxe, le Model S. Avec un prix de base de 50 000 dollars, jusqu'à 480 km d'autonomie, recharge rapide en 45 minutes et recharge complète en 4 heures, 0-

100 km/h en 5,6 secondes, une vitesse maximale de 193 km/h et toujours zéro émission. Elle devrait sortir fin 2011, début 2012.

La société indienne « Reva Electric Car Company » produit depuis 2001 la REVA, une petite voiture électrique 2+2 places, d'une vitesse de pointe de 80 km/h et d'une autonomie nominale de 80 km. Vendue en Angleterre depuis 2003 sous le nom de G-Wiz, la REVA est maintenant disponible dans différents pays européens[41]. Deux modèles sont disponibles depuis 2009 : la « REVAi », à batteries au plomb, et la « REVA L-ion » à batteries lithium-ion, dont l'autonomie nominale est de 120 km.

En 2010 et 2011, Toyota et EDF ont testé une nouvelle voiture hybride dérivée de la Prius, en vue d'une future commercialisation. L'expérimentation a lieu dans la ville de Strasbourg. Cette voiture essence hybride est rechargeable sur une prise électrique domestique, ce qui permettra pour les petits trajets de rouler exclusivement à l'électricité, la propulsion essence étant dans ce cas réservée aux trajets plus longs[43]. Les tests en utilisation normale ont débuté à l'automne 2007.

La ville de Strasbourg s'est associée à Toyota et un ensemble de partenaires industriels dans un programme pilote d'une durée de trois ans sur l'utilisation de véhicules hybrides rechargeables. Une flotte de cent Toyota Prius a été louée à des entreprises et organismes publics pour l'usage personnel et professionnel des employés désirant participer à l'opération. Schneider Electric a fourni 135 bornes de recharge, installées sur les sites des entreprises partenaires et au domicile des particuliers engagés ainsi qu'un système de gestion de l'énergie. Les infrastructures pilotes empêchent les conducteurs de recharger leur véhicule durant les pics de consommation, à un moment où les producteurs d'électricité auraient à utiliser des combustibles fossiles pour fournir plus d'énergie. Les bornes de recharge offrent des fonctionnalités avancées telles que l'arrêt automatique du courant lorsque le cordon est débranché ou si la batterie est entièrement chargée. Les conducteurs et les gestionnaires de flottes peuvent également avoir accès en temps réel à des informations sur la disponibilité des bornes à proximité et l'avancement de la charge. Le projet de Strasbourg permettra aux constructeurs automobiles d'utiliser les résultats de cette expérimentation en conditions réelles pour développer leurs futurs produits et donnera aux fournisseurs d'électricité des informations précieuses sur le comportement des utilisateurs afin d'envisager des solutions de gestion optimales de l'impact du chargement des véhicules électriques sur le réseau. Lors du salon de Tokyo d'octobre/novembre 2007, Mitsubishi a présenté sa iMiev sport (iMiev pour : Mitsubishi Innovative Electric Vehicle) et Subaru son concept car G4e. Ces deux voitures tout-électrique ont une autonomie de 200 km.

La fin 2010 est une période importante pour le grand public désirant une automobile électrique : pour la première fois, deux offres de constructeurs établis sont disponibles, qui sont des véhicules conçus dès le départ en tant que voitures électriques. Le constructeur américain General Motors commercialise aux États-Unis depuis décembre 2010 un véhicule à moteur électrique et générateur d'appoint thermique, la Chevrolet Volt[48]. Ce véhicule devrait ensuite etre commercialisé en Europe sous le nom d'Opel Ampera d'ici début 2012. En parallèle, Nissan lance d'abord aux États-Unis, puis en Europe, sa LEAF, dont l'énergie est seulement stockée dans des batteries.

Figure 1-23 L'Eclectic , de Venturi équipé d'un panneaux solaires

La voiture électrique Volkswagen (NILS) (figure 1.24.a) est une voiture aux performances hors du commun. Cela reste un véhicule sportif à 1 place uniquement destiné à un usage en ville, puisque son autonomie est de seulement 64 km. Heureusement, cela ne prend que deux heures pour recharger complètement la batterie au lithium-ion .Côté gabarit, elle mesure 3 mètres de long, 1,20 mètre de haut et 1m40 de large, et elle pèse seulement 460 kg (châssis en aluminium). Avec son moteur de 25 kW et 130 Nm de couple, la voiture peut atteindre les 130 km/h et faire l'exercice du 0-100 km/h en 11 secondes. La NILS dispose aussi d'un système anticollision lorsque le véhicule s'approche trop près d'une autre voiture.

Depuis sa sortie sur le marché, voici quelques années, l'Audi A2 (figure 1.24.b) est toujours très compétitive au niveau de la technologie ; malheureusement, à cause de son prix relativement élevé, les ventes n'ont pas explosé.

(a)   *(b)*

Figure 1-24 (a) La Volkswagen (NILS),(b) l'Audi A2.

Avec un poids allégé, une carrosserie en aluminium aux lignes aérodynamiques et un moteur économique, l'Audi A2 Concept se veut être une voiture électrique nouvelle génération. De dimensions modestes, elle ne mesure que 3,8 mètres de long, 1,68 mètre de large et 1,49 mètre. Cependant, son espace dans son habitacle accueille quatre personnes. En effet, le constructeur allemand a mis l'accent sur le confort de l'intérieur de la voiture.

(a)   *(b)*

*Figure 1-25 (a) Véhicule électrique au coure de recharge, (b) Tableau de bord d'un
véhicule électrique : l'état   de charge.*

1.20. Conclusion

Dans ce chapitre, on a essayé de mettre en évidence l'historique et le principe de développement des différentes technologies émergentes pour les véhicules utilisant un mode de propulsion électrique. Le véhicule électrique constituerait une solution privilégiée s'il n'était pas pénalisé par un poids excessif des batteries et surtout par une autonomie limitée. En attendant de nouveaux progrès techniques qui permettront une diffusion plus large de ces solutions alternatives (véhicule électrique a batterie, hybride et à pile à combustible), grâce aux progrès des batteries, a l'introduction en masse de véhicules hybrides et à la réduction drastique du coût et de l'encombrement des piles à combustible, la marche du véhicule électrique connaitra peut-être enfin la croissance qu'on lui promet depuis un siècle. Du cote moteur, vu les avantages qu'il a sur les autres types de moteurs électriques tournants, parmi lesquels nous pouvons citer : robustesse, prix relativement bas, entretien moins fréquent. Le moteur a induction semble le mieux placé pour la propulsion électrique du véhicule. Avant d'arriver à parfaire le contrôle de ce système de propulsion, et de définir une structure de commande permettant d'assurer une optimisation énergétique, il est d'usage d'abord de modéliser les différents éléments constitutifs de la chaine de propulsion. En conséquence, le chapitre suivant se propose la modélisation du véhicule électrique à deux roues.

chapitre 2

MODÉLISATION D'UN VEHICULE ELECTRIQUE A DEUX ROUES MOTRICES

2.1. **Introduction**

Les entraînements régulés (associations machine électrique-convertisseur statique-commande) sont aujourd'hui utilisée dans toutes les applications requérant la variation de vitesse ou la commande de position, leur domaine d'application est donc très vaste et il comprend notamment l'industrie de la voiture électrique, de la fraction électrique (métro et train) et l'aérospatial. Il existe une grande variété de moteurs électriques, pouvant être utilisés comme machine d'entraînement, et par conséquent, plusieurs types d'entraînement électronique peuvent être utilisés pour la commande en couple [25, 26, 27, 28].

La plupart des processus réels sont non-linéaires et non-stationnaires. On peut donner comme exemples le caractère non-linéaire de la saturation magnétique, l'évolution des résistances électriques avec la température, l'usure des parties mécaniques, pour se bruiter au domaine des machines électriques.

A ces causes internes du problème de robustesse, on peut ajouter les perturbations externes .Elles ne sont pas connues à priori et peuvent être très variables dans le temps. L'inclinaison de la route, ainsi que son état, représentent un exemple de perturbations classiques qui affectent un véhicule automobile.

De plus, des hypothèses simplificatrices sont nécessaires afin de faciliter la modélisation du processus. Elles sont indispensables pour une réalisation technologique de la commande (temps réel), mais elles écartent le modèle obtenu de la réalité du processus â présenter.

Toute commande est donc conçue à partir d'un modèle idéalisé et simplifié d'un système réel qui peut être méconnu, mal identifié, en outre non-linéaire et non-stationnaire. La commande doit non seulement imposer la réponse du processus, mais également maintenir son comportement face aux dérives des paramètres physiques, aux perturbations externes et cela, en dépit des imperfections du modèle.

Le choix du moteur de traction s'est porté sur un moteur asynchrone .Le présent chapitre est consacré à la modélisation et simulation de la chaîne de traction d'un véhicule électrique.

2.2. Modélisation de la chaîne de traction

Le système de traction électrique (figure 2.1) est l'organe principal du véhicule électrique.Ce dernier est propulse électriquement par des moteurs et comporte un système de transmission forme par un ou plusieurs moteurs électriques entrainant deux roues motrices.

La (figure 2.1) illustre le système de propulsion électrique constitué des blocs suivants :

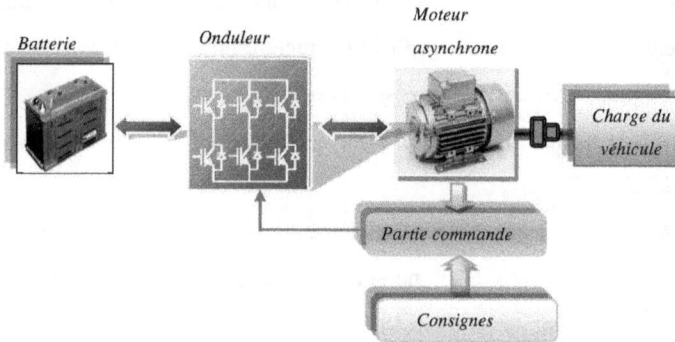

Figure 2-1 Chaine de traction asynchrone

2.3. Source d'énergie

La source d'énergie est une batterie d'accumulateur, qui a pour but de fournir (éventuellement, de récupérer en. cas de freinage) l'énergie électrique concernent le Convertisseur : Les onduleurs sont, utilises dans la chaine de traction pour gérer les échanges énergétiques entre la source d'énergie et le groupe motopropulseur (moteur de traction). Il faut donc étudier la modélisation et la commande de ces convertisseurs pour mettre en place un simulateur de la chaine de traction. L'onduleur de tension permet une alimentation alternative triphasée du moteur. Les semi-conducteurs utilises sont des IGBT (Insulated Gate Bipolar Transistor).

2.4. Modélisation et Simulation de Convertisseur de Fréquence

2.4.1. Introduction

2.4.2. Modélisation de l'onduleur de tension à MLI

L'onduleur de tension à MLI est toujours habituellement choisi pour sa réponse rapide et ses performances élevées. Il permet d'imposer à la machine des ondes de tensions à amplitudes et fréquences variables à partir d'un réseau standard 220/380-50Hz. Après redressement, la tension filtrée U_0 (étage continu) est appliquée à l'onduleur (figure 2 .2) .Le fonctionnement de l'onduleur obéit à un séquencement de 180° de conduction par interrupteur d'un même bras. Les diodes de roue libres assurent la continuité du courant dans la MAS une fois les interrupteurs sont ouverts. Il est à noter qu'un temps de retard doit exister pratiquement entre les interrupteurs haut et bas d'un même bras afin d'éviter le court-circuit de la source continu [29,30].

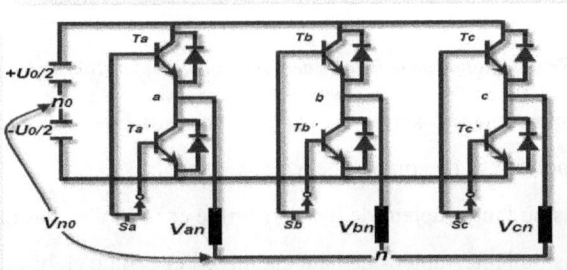

Figure 2-2 Schéma de l'onduleur triphasé à deux niveaux connecté à une charge.

Les composants de puissance (interrupteurs) sont déterminés en fonction des niveaux de la puissance et la fréquence de commutation. En règle générale, plus les composants sont rapides (fréquence de commutation élevée), plus la puissance commutée est faible et inversement. Il est particulièrement vrai que les transistors MOSFET (transistor à effet champ), ces composants sont très rapides mais de puissances relativement faibles. Les transistors bipolaires, moins rapides que les MOSFET mais ont l'avantage d'être plus puissants (quelque KHz à une dizaine de KW).Le transistors IGBT, sont des composants de gamme standard (jusqu'à 20 KHz à des dizaines de KW).Les thyristors GTO, commutent très lentement les grandes puissances. Les Thyristors, sont commandables à l'ouverture mais la fermeture dépend du circuit extérieur. La puissance [KW] comme étant la fonction de la fréquence [KHz] peut être schématisée par la (figure 2.3).

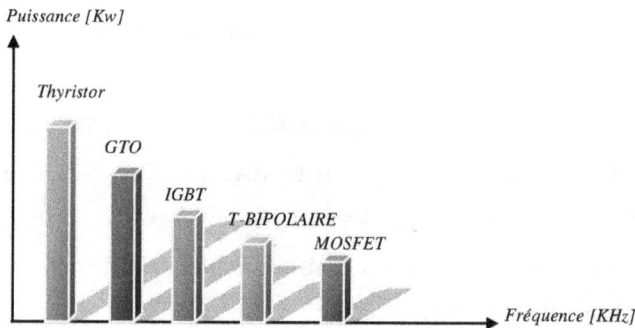

Figure 2-3 Représentation de puissance des composants en fonction de fréquence de commutation

L'état des interrupteurs, supposés parfaits peuvent être définis par trois grandeurs booléennes de commande S_i $(i = a, b, c)$:

$S_i = 1$, le cas où l'interrupteur de haut est fermé et celui d'en bas ouvert.

$S_i = 0$, le cas ou l'interrupteur de haut est ouvert et celui d'en bas fermé.

Dans ces conditions, on peut écrire les tensions de phases $U_{ina,b,c}$ en fonction des signaux de commande S_i :

$$U_{ina,b,c} = S_i U_0 - \frac{U_0}{2} \tag{2.1}$$

Les trois tensions composées, V_{ab}, V_{bc}, V_{ca} sont définies par les relations suivantes en tenant compte du point fictif "o " (figure 2.2).

$$\begin{cases} V_{ab} = V_{ao} + V_{ob} = V_{ao} - V_{bo} \\ V_{bc} = V_{ao} + V_{oc} = V_{bo} - V_{co} \\ V_{ca} = V_{co} + V_{oa} = V_{co} - V_{oa} \end{cases} \tag{2.2}$$

Soit " n " le point neutre du coté alternatif (MAS), alors on considère que la charge est considérée équilibrer, il l'en résulte

$$\begin{cases} V_{ao} = V_{an} + V_{no} \\ V_{bo} = V_{bn} + V_{noc} \\ V_{co} = V_{cn} + V_{no} \end{cases} \tag{2.3}$$

La charge est considérée équilibrer, il l'en résulte :

$$V_{an} + V_{bn} + V_{cn} = 0 \tag{2.4}$$

La substitution nous donne :

$$\begin{cases} V_{an} = \dfrac{2}{3}V_{a0} - \dfrac{1}{3}V_{b0} - \dfrac{1}{3}V_{co} \\ V_{an} = -\dfrac{21}{3}V_{a0} + \dfrac{2}{3}V_{b0} - \dfrac{1}{3}V_{co} \\ V_{an} = -\dfrac{1}{3}V_{a0} - \dfrac{1}{3}V_{b0} + \dfrac{2}{3}V_{co} \end{cases} \tag{2.5}$$

Les différentes combinaisons des trois grandeurs $(S_a, S_b, S_c,)$ permettent de générer huit vecteurs tensions dont deux correspondent au vecteur nul comme le montre la (figure.2.4) L'utilisation de l'expression (2.5) permet d'établir les équations instantanées des tensions simples en fonction des grandeurs de commande :

$$\begin{bmatrix} V_{an} \\ V_{bn} \\ V_{cv} \end{bmatrix} = \frac{U_c}{3} \begin{bmatrix} 2 & -1 & -1 \\ -1 & 2 & -1 \\ -1 & -1 & 2 \end{bmatrix} \begin{bmatrix} S_a \\ S_b \\ S_c \end{bmatrix} \tag{2.6}$$

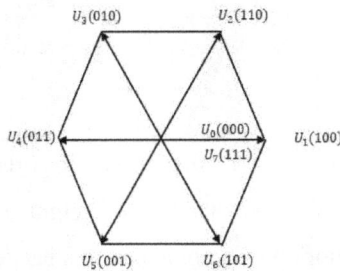

Figure 2-4 Vecteur tension d'état de l'onduleur.

Avec V_{ao}, V_{bo}, V_{co} comme les tensions d'entrée de l'onduleur (valeurs continues), et si V_{an}, V_{bn}, V_{cn} sont les tensions de sortie de cet onduleur, par conséquent l'onduleur est modélisé par la matrice du transfert T donnée par :

$$\begin{bmatrix} V_{an} \\ V_{bn} \\ V_{cv} \end{bmatrix} = \frac{U_c}{3} \begin{bmatrix} 2 & -1 & -1 \\ -1 & 2 & -1 \\ -1 & -1 & 2 \end{bmatrix} \begin{bmatrix} S_a \\ S_b \\ S_c \end{bmatrix} \qquad (2.7)$$

2.4.3. **Modulation de Largeur d'Impulsion (MLI)**

Elle consiste à convertir une modulante (tension de référence au niveau commande), généralement sinusoïdale, en une tension sous forme de créneaux successifs, générée à la sortie de l'onduleur (niveau puissance). Au niveau électronique, son principe repose sur la comparaison de la modulante avec la porteuse (tension à haute fréquence de commutation). La valeur du rapport de fréquences entre la porteuse triangulaire (ou en dents de scie) et la modulante procède d'un compromis entre une bonne neutralisation des harmoniques et un bon rendement de l'onduleur.

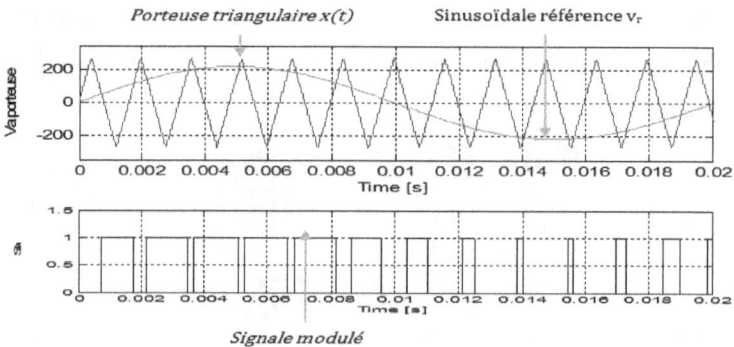

Figure 2-5 MLI sinus-triangulaire

Les techniques de modulation sont nombreuses, les plus utilisées sont: la naturelle, la régulière, l'optimisée (élimination des harmoniques non désirées), la vectorielle et la modulation à bande d'hystérésis. L'objectif de la MLI, c'est la minimisation ou la réduction des oscillations sur la vitesse le couple et les courants. Cela permettra de réduire la pollution du réseau électrique en harmonique, avec minimisation des pertes dans le système. Par conséquent, ça permet d'augmenter le rendement. Donc, dans ce travail, on va utiliser la MLI naturelle en se basant sur la comparaison entre deux signaux (figure 2.5).

Le premier c'est le signal de référence qui représente l'image de la sinusoïde qu'on désire à la sortie de l'onduleur. Ce signal est modulable en amplitude et en fréquence.

Le second qui est appelé signal de la porteuse définit la cadence de la commutation des interrupteurs statiques de l'onduleur. C'est un signal de haute fréquence (HF) par rapport au signal de référence.

L'onde en impulsion est meilleure que l'onde rectangulaire, si les fréquences:

$$f_{porteuse} = 20 f_{référence}$$

Pour cela on va choisir deux valeurs pour $f_{porteuse}$ $1Khz$ et $2Khz$ c'est à dire $20 f_s$ et là on peut réglée la tension de sortie de l'onduleur en agissant sur l'indice d'amplitude V_{mode} :

$$V_{mode} = \frac{V_p}{V_m}$$

V_p : Valeur de crête de la porteuse.

V_m : Valeur maximale de la tension de référence.

La valeur maximale de la tension fondamentale (à la sortie de l'onduleur) vaut exactement :

$$V_{1max} = \frac{U_c}{2} V_{mod}$$

U_c : La tension continue à l'entrée de l'onduleur.

2.4.4. <u>Résultats des simulations</u>

r = 0.8 et m = 6

r = 0.8 et m = 18

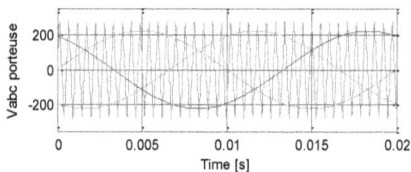

(a)Les tensions v_a, v_b, v_c

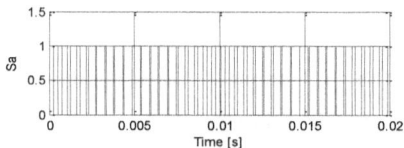

(b) Signale de command S_a

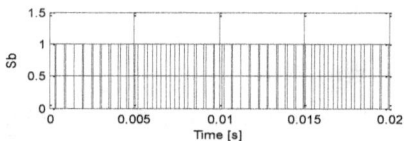

(c) Signale de command S_b

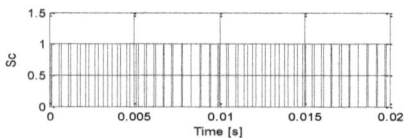

(d)Signale de command S_c

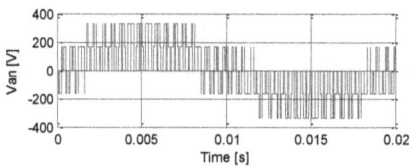

(e) Tension V_{an}

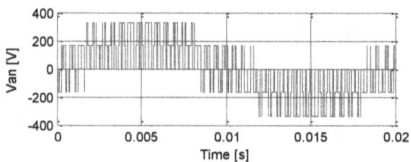

(f) Tension V_{bn}

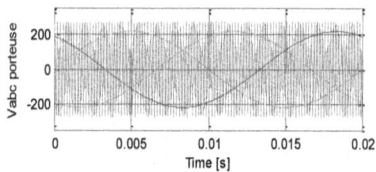

(g)Les tensions v_a, v_b, v_c

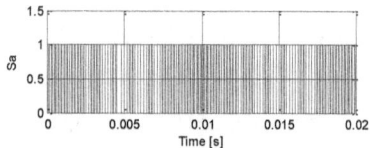

(k) Signale de command S_a

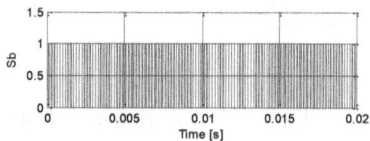

(l) Signale de command S_b

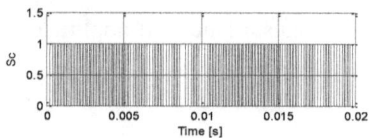

(m)Signale de command S_c

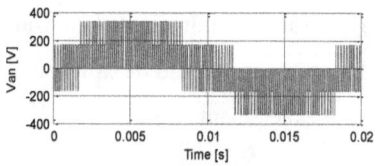

(n) Tension V_{an}

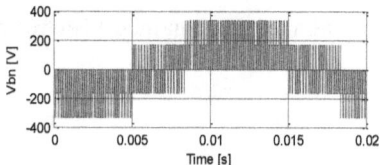

(o) Tension V_{bn}

55

(g) Tension V_{cn}

(p) Tension V_{cn}

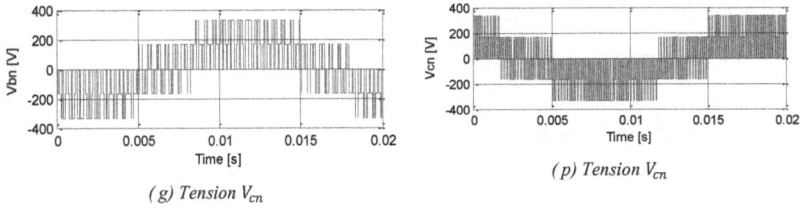

Figure 2-6 Signaux de commande et allures des tensions statoriques pour m=6 et 18

2.4.5. Interprétation des résultats

Dans cette partie, nous avons présenté les signaux de commande conducteurs de l'onduleur triphasé, générés par la commande MLI, ainsi les différentes formes des tensions de l'onduleur. D'après les résultats de simulation obtenus on constate ce qui suit :

La (figure 2.6) montre qu'une augmentation dans l'indice de modulation améliore l'allure de tensions statorique qui s'approche de plus en plus de la forme sinusoïdale. Cette amélioration se répercute sur le couple électromagnétique en atténuant la valeur crête à crête de son ondulation en régime permanent, donc présente moins d'ondulation. Le choix de l'indice de modulation utilisé dans la commande MLI sinus –triangle dépend aussi du type d'interrupteurs utilisés dans la conception de l'onduleur. L'indice de modulation $m = 18$ convient parfaitement aux IGBT se trouvant sur le marché .Ceci montre que la MLI sinus-triangle peut apporter une amélioration appréciable dans la tension de sortie. Elle peut permettre l'alimentation de la machine asynchrone.

2.5. Moteur de traction

Le moteur utilisé est de type synchrone triphasé a aimants permanents. L'intérêt de ce type de machine est sa grande fiabilité, son rendement plus élève, sa possibilité de supporter des surcharges transitoires importantes, sa puissance massique élevée, ce qui est important pour les systèmes embarqués. Pour la Partie mécanique. Il existe une transmission mécanique comprenant un réducteur entre le moteur et la roue. Dans cette partie, on présente la manière dont on a modélise ces différents éléments afin d'élaborer des lois de commande

2.5.1. Modélisation de la machine asynchrone

2.5.1.1. Introduction

La commande d'un processus physique ne peut être correctement effectuée sans sa représentation mathématique. Celle-ci est une étape très importante dans l'asservissement des systèmes. En effet, afin de concevoir une structure de commande, il est nécessaire de disposer d'un modèle mathématique représentant fidèlement les caractéristiques du processus .Ce modèle ne doit pas être trop simple pour ne pas s'éloigner de la réalité physique, et ne doit pas être trop complexe pour simplifier l'analyse et la synthèse des structures de commande. Sachant qu'une bonne commande doit faire face à la possibilité de changement du processus réel. Néanmoins, le modèle doit incorporer tous les effets dynamiques importants qui se passent durant les opérations de régimes transitoire et permanent. De plus, le modèle doit être valide pour un changement de la commande de l'onduleur telle que la commande par courant ou par tension.

Ce chapitre est consacré à la modélisation du système onduleur-machine asynchrone (MAS). Dans la première partie, on donnera la représentation mathématique de la MAS dans une référence triphasé avant d'utiliser la transformation de Park pour réduire la représentation de la MAS à des références biphasées. Dans la seconde partie, on procèdera à la modélisation de l'onduleur à deux niveaux et sa structures de commande MLI sinus-triangle.

2.5.1.2. Modélisation de la machine asynchrone

2.5.1.3. Description de la machine asynchrone

Parmi tous les types de machines à courant alternatif, la machine à induction, particulièrement le type à cage d'écureuil est la plus utilisée dans l'industrie. Ces machines sont économiques robustes et fiables, et sont disponibles dans une gamme de faible puissance à des puissances élevées. La machine asynchrone triphasée est composée d'un stator fixe et d'un rotor mobile autour de l'axe de symétrie de la machine, (figure 2.7).

Trois enroulements identiques (a_s, ab_s, c_s) à p paires de pôles sont logés dans des encoches régulièrement réparties sur la face interne du stator. Leurs axes sont distants entre eux d'un angle électrique égal à $2\pi/3$. Les tensions des phases du stator sont obtenues soit par un réseau triphasé des tensions sinusoïdales à fréquence et amplitude constantes, soit par un onduleur de tension ou de courant à fréquence et amplitude réglables.

La structure électrique du rotor peut-être réalisée soit par :

- Un système d'enroulements triphasé (rotor bobiné), raccordés en étoile à trois bagues sur lesquelles frottent trois balais accessibles par la plaque à bornes et mis en court-circuit pendant les régimes permanents.

- Une cage conductrice intégrée aux tôles ferromagnétique équivalente à la première. La composition de la machine asynchrone est donnée par la (figure 2.8).

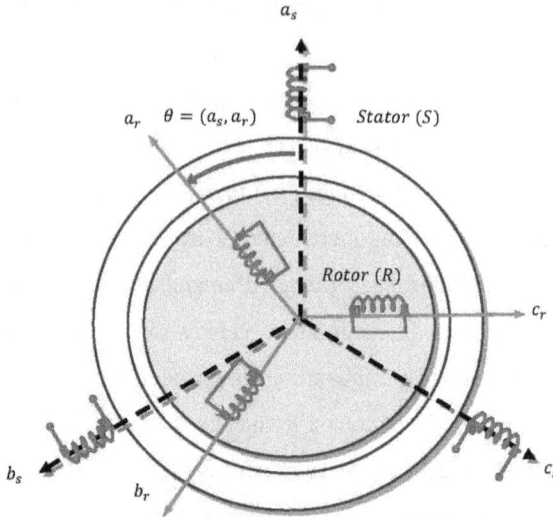

Figure 2-7 Représentation idéale de la MAS triphasée

Machine   Rotor   Stator

Figure 2-8 composition de la machine asynchrone.

2.5.1.4. **Principe de fonctionnement**

Le principe de fonctionnement d'une machine asynchrone est basé sur l'interaction électromagnétique du champ tournant, crée par le courant triphasé fourni à l'enroulement statorique par le réseau, et des courants induits dans l'enroulement rotorique lorsque les conducteurs du rotor sont coupés par le champ tournant. Cette interaction électromagnétique du stator et du rotor de la machine n'est possible que lorsque la vitesse du champ tournant est différente de celle du rotor [29,30,31,32].

Le champ statorique tourne à la vitesse :

$$\Omega_s = \frac{\omega_s}{p}$$

ω_s : la pulsation du courant de la tension statorique, et p le nombre de paires de pôles. La vitesse mécanique du rotor est notée Ω.

Le rapport g= $\frac{\omega_s - \omega_r}{\omega_s}$ est appelé glissement du rotor par rapport au champ tournant du stator. Dans le repère rotorique toutes les grandeurs électriques ont une pulsation$(1 - g)\omega_s$.

2.5.1.5. Représentation de la machine dans l'espace électrique

La machine asynchrone est représentée à la (figure 1.5) par ces six enroulements dans l'espace électrique. L'angle θ repère l'axe de la phase rotorique de référence $\overrightarrow{a_r}$ par rapport à l'axe fixe de la phase statorique $\overrightarrow{a_s}$.

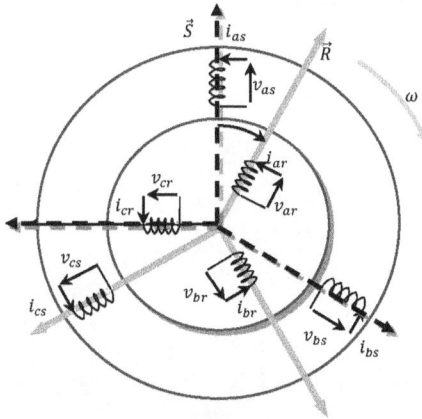

Figure 2-9 Représentations de six enroulements de la machine asynchrone triphasée.

2.5.1.6. Equations électriques de la machine

En tenant compte de l'application de la loi de Faraday à la machine asynchrone, la loi des mailles s'exprime

$$v = Ri + \frac{d\varphi}{dt} \tag{2.8}$$

Par la relation (2.8),

on déduit pour l'ensemble des phases statoriques :

$$\begin{bmatrix} v_{as} \\ v_{bs} \\ v_{cs} \end{bmatrix} = \begin{bmatrix} R_s & 0 & 0 \\ 0 & R_s & 0 \\ 0 & 0 & R_s \end{bmatrix} \begin{bmatrix} i_{as} \\ i_{bs} \\ i_{cs} \end{bmatrix} + \frac{d}{dt} \begin{bmatrix} \varphi_{as} \\ \varphi_{bs} \\ \varphi_{cs} \end{bmatrix} \qquad (2.9)$$

d'où :

$$[V_s] = [R_s][I_s] + \frac{d}{dt}[\varphi_s] \qquad (2.10)$$

Et pour l'ensemble des phases rotorique

$$\begin{bmatrix} v_{ar} \\ v_{br} \\ v_{cr} \end{bmatrix} = \begin{bmatrix} R_r & 0 & 0 \\ 0 & R_r & 0 \\ 0 & 0 & R_r \end{bmatrix} \begin{bmatrix} i_{ar} \\ i_{br} \\ i_{cr} \end{bmatrix} + \frac{d}{dt} \begin{bmatrix} \varphi_{ar} \\ \varphi_{br} \\ \varphi_{cr} \end{bmatrix} = \begin{bmatrix} 0 \\ 0 \\ 0 \end{bmatrix} \qquad (2.11)$$

d'où :

$$[V_r] = [R_r][I_r] + \frac{d}{dt}[\varphi_r] = 0 \qquad (2.12)$$

Puisque le rotor est en cours circuit on a $v_{ar} = v_{br} = v_{cr} = 0$

2.5.1.7. Equations des flux

Pour une alimentation triphasée, et en tenant compte des hypothèses, les relations entre les flux et les courants s'écrivent comme suit:

$$[\varphi_s] = [L_s](I_s) + [M_{sr}](I_r) \quad et \quad [\varphi_r] = [L_r](I_r) + [M_{sr}]^T(I_s) \qquad (2.13)$$

$$\begin{bmatrix} [\varphi_s] \\ [\varphi_s] \end{bmatrix} = \begin{bmatrix} L_s[I_3] & [M_{sr}] \\ [M_{sr}] & L_r[I_3] \end{bmatrix} \begin{bmatrix} [I_s] \\ [I_r] \end{bmatrix} \qquad (2.14)$$

$$[L_s] = \begin{bmatrix} l_s & m_s & m_s \\ m_s & l_s & m_s \\ m_s & m_s & l_s \end{bmatrix} \qquad [L_r] = \begin{bmatrix} l_r & m_s & m_s \\ m_s & l_r & m_s \\ m_s & m_s & l_r \end{bmatrix}$$

$[I_3] = 0$ est la matrice d'identité (3×3) $l_s(l_r)$

Où $l_s(l_r)$ est l'inductance propre d'une phase statorique (rotorique), $m_s(m_r)$ est l'inductance mutuelle entre deux phases statorique (rotoriques) et M_{sr} est le maximum de l'inductance mutuelle entre une phase statorique et une phase rotorique.

$$[M_{sr}] = [M_{rs}]^T = m_{sr}$$

$$= \begin{bmatrix} \cos(\theta) & \cos(\theta + \frac{2\pi}{3}) & \cos(\theta - \frac{2\pi}{3}) \\ \cos(\theta - \frac{2\pi}{3}) & \cos(\theta) & \cos(\theta + \frac{2\pi}{3}) \\ \cos(\theta + \frac{2\pi}{3}) & \cos(\theta - \frac{2\pi}{3}) & \cos(\theta) \end{bmatrix} \qquad (2.15)$$

m_{sr} : Inductance mutuelle maximale lorsque $\theta = 0$. En introduisant *(2.13)* dans *(2.9)* et *(2.14)* dans *(2.11)*, on obtient finalement le modèle asynchrone triphasé

$$\begin{cases} v_s = R_s[i_s] + [L_{ss}]\dfrac{d}{dt}[i_s] + \dfrac{d}{dt}[M_{sr}][i_r] \\ v_r = R_s[i_r] + [L_{rr}]\dfrac{d}{dt}[i_r] + \dfrac{d}{dt}[M_{sr}][i_s] \end{cases} \qquad (2.16)$$

2.5.1.8. Couplage avec l'équation mécanique

L'équation la plus simple d'un mobile en rotation est de la forme :

$$J\frac{d\Omega}{dt} + f\Omega = C_{em} - C_r \qquad (2.17)$$

Avec :

J: moment d'inertie de la partie tournante.

Ω:vitesse angulaire de rotation

f: coefficient de frottement visqueux.

C_r: Couple résistant.

2.5.1.9. Modèle de Park

Le système d'équations du modèle de la machine asynchrone est fort complexe et non linéaire, car les matrices des inductances contiennent des éléments variables avec l'angle de rotationθ. Pour rendre les coefficients du système d'équations de ce modèle indépendants de θ, on doit appliquer une transformation appelées transformation de PARK. La (figure 2.9) permet de définir les divers référentiels et les relations spatiales qui les lient.

Deux transformations sont définies à partir de la matrice de PARK, θ_s pour les grandeurs statoriques et θ_r pour celles du rotor, on les note respectivement :

$[P(\theta_s)]$ et $[P(\theta_r)]$

On désigne par : θ_s : L'angle électrique $(\overrightarrow{a_s}, \vec{d})$ et θ_r L'angle électrique $(\overrightarrow{a_r}, \vec{d})$.

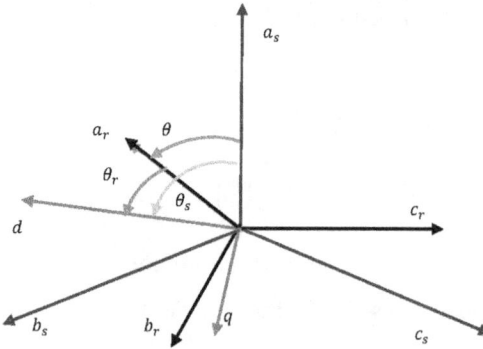

Figure 2-10 Représentation des enroulements fictifs d'axes 'd' et 'q'.

On remarque sur la figure que θ_s et θ_r sont liés naturellement à θ par la relation rigide

$$\theta = \theta_s - \theta_r \qquad (2.18)$$

Et par suite :

$$\frac{d\theta}{dt} = \frac{d\theta_s}{dt} - \frac{d\theta_r}{dt} \qquad (2.19)$$

2.5.1.10. Cas particulier de la transformation de Park

Dans le cas particulier ou θ_s. La transformation de Park devient soit la transformation de Clark dans le cas de non conservation de puissance $(C = 2/3)$, ,soit la transformation de Concordia dans le cas contraire $(C = \sqrt{2}/3)$.

Transformation de Clark : c'est une transformation triphasé biphasée définie par :

$$\begin{bmatrix} x_\alpha \\ x_\beta \end{bmatrix} = \frac{2}{3} \begin{bmatrix} 1 & -\dfrac{1}{2} & -\dfrac{1}{2} \\ 0 & \dfrac{\sqrt{3}}{2} & -\dfrac{\sqrt{3}}{2} \end{bmatrix} \begin{bmatrix} x_a \\ x_b \\ x_c \end{bmatrix}$$

Et son inverse est :

$$\begin{bmatrix} x_a \\ x_b \\ x_c \end{bmatrix} = \frac{2}{3} \begin{bmatrix} 1 & 0 \\ -\dfrac{1}{2} & \dfrac{\sqrt{3}}{2} \\ -\dfrac{1}{2} & -\dfrac{\sqrt{3}}{2} \end{bmatrix} \begin{bmatrix} x_\alpha \\ x_\beta \end{bmatrix}$$

Transformation de Concordia : c'est la transformation de *Clark* normée, définie par :

$$\begin{bmatrix} x_\alpha \\ x_\beta \end{bmatrix} = \sqrt{\frac{2}{3}} \begin{bmatrix} 1 & -\dfrac{1}{2} & -\dfrac{1}{2} \\ 0 & \dfrac{\sqrt{3}}{2} & -\dfrac{\sqrt{3}}{2} \end{bmatrix} \begin{bmatrix} x_a \\ x_b \\ x_c \end{bmatrix}$$

Et son inverse est :

$$\begin{bmatrix} x_a \\ x_b \\ x_c \end{bmatrix} = \sqrt{\frac{2}{3}} \begin{bmatrix} 1 & 0 \\ -\dfrac{1}{2} & \dfrac{\sqrt{3}}{2} \\ -\dfrac{1}{2} & -\dfrac{\sqrt{3}}{2} \end{bmatrix} \begin{bmatrix} x_\alpha \\ x_\beta \end{bmatrix}$$

2.5.1.11. Equations électriques

La substitution des enroulements fictifs d_s, q_s, d_r, q_r aux enroulements triphasés permet l'écriture des équations suivantes, (figure 2.10) :

$$\begin{cases} v_{ds} = R_s i_{ds} + \dfrac{d}{dt} \varphi_{ds} - \dfrac{d\theta_s}{dt} \varphi_{qs} \\[2mm] v_{qs} = R_s i_{qs} + \dfrac{d}{dt} \varphi_{qs} + \dfrac{d\theta_s}{dt} \varphi_{ds} \\[2mm] v_{dr} = R_r i_{dr} + \dfrac{d}{dt} \varphi_{dr} - \dfrac{d\theta_r}{dt} \varphi_{qs} \\[2mm] v_{qr} = R_r i_{\beta r} + \dfrac{d}{dt} \varphi_{\beta r} + \dfrac{d\theta_r}{dt} \varphi_{qs} \end{cases} \tag{2.20}$$

2.5.1.12. Equations magnétiques

On applique la transformation de PARK aux équations de flux et de courants. On trouve les relations électromagnétiques de la machine généralisée soit :

$$\begin{bmatrix} \varphi_{ds} \\ \varphi_{qs} \\ \varphi_{dr} \\ \varphi_{qr} \end{bmatrix} = \begin{bmatrix} L_s & 0 & M & 0 \\ 0 & L_s & 0 & M \\ M & 0 & R_r & 0 \\ 0 & M & 0 & L_r \end{bmatrix} \begin{bmatrix} i_{ds} \\ i_{qs} \\ i_{dr} \\ i_{qr} \end{bmatrix} \qquad (2.21)$$

$avec : L_s = l_s - m_s$

$L_s = l_s - m_s$: Inductance mutuelle (cyclique) des armatures statoriques.

$L_r = l_r - m_r$: Inductance mutuelle (cyclique) des armatures rotoriques.

Et $M_{sr} = 3/2 m_{sr}$: Inductance mutuelle (cyclique) des armatures rotor-stator

Où :

$$\frac{d}{dt} \begin{bmatrix} i_{ds} \\ i_{qs} \\ i_{dr} \\ i_{qs} \end{bmatrix} = \begin{bmatrix} -\dfrac{1}{\sigma L_s} & 0 & -\dfrac{M}{\sigma L_s L_r} & 0 \\ 0 & \dfrac{1}{\sigma L_s} & 0 & -\dfrac{M}{\sigma L_s L_r} \\ \dfrac{M}{\sigma L_s L_r} & 0 & \dfrac{1}{\sigma L_s} & 0 \\ 0 & -\dfrac{M_r}{\sigma L_s L_r} & 0 & -\dfrac{1}{\sigma L_r} \end{bmatrix} \begin{bmatrix} \varphi_{ds} \\ \varphi_{qs} \\ \varphi_{dr} \\ \varphi_{qr} \end{bmatrix} \qquad (2.22)$$

Avec : $\sigma = 1 - \dfrac{M^2}{L_s L_r}$ est le coefficient de dispersion total.

2.5.1.13. Choix du référentiel

Il existe différentes possibilités concernant le choix du repère d'axe d, q qui dépendent des   objectifs de l'application.

Axe tournant à la vitesse du rotor ($\theta_r = 0$) : étude des grandeurs statoriques.

Axes liés au stator ($\theta_s = 0$) : étude des grandeurs rotoriques, permet d'étudier les régimes de démarrage et de freinage des machines à courant alternatif.

Axe solidaire du champ tournant : étude de la commande (à la commande vectorielle par orientation du flux rotorique).

On désigne par:

$\omega_s = \frac{d\theta_s}{dt}$: la vitesse angulaire des axes d, q dans le repère statorique.

$\omega_s = \frac{d\theta_r}{dt}$: la vitesse angulaire des axes d, q dans le repère rotorique.

$\omega_m = \frac{d\theta_m}{dt}$: la vitesse angulaire de repère rotorique dans le repère statorique

De sorte qu'à partir de l'expression $\theta_m = (\theta_s - \theta_r)$, il se déduit par dérivation :

$$\omega_s - \omega_s = \frac{d\theta}{dt} \tag{2.23}$$

Les équations électriques de la machine s'écrivent :

$$\begin{bmatrix} v_{ds} \\ v_{qs} \\ v_{ds} \\ v_{qr} \end{bmatrix} = \begin{bmatrix} R_s & 0 & 0 & 0 \\ 0 & R_s & 0 & 0 \\ 0 & 0 & R_r & 0 \\ 0 & 0 & 0 & R_r \end{bmatrix} \begin{bmatrix} i_{ds} \\ i_{qs} \\ i_{dr} \\ i_{qr} \end{bmatrix} + \frac{d}{dt} \begin{bmatrix} \varphi_{ds} \\ \varphi_{qs} \\ \varphi_{dr} \\ \varphi_{qr} \end{bmatrix} + \begin{bmatrix} -\omega_s \varphi_{ds} \\ \omega_s \varphi_{qs} \\ -\omega_r \varphi_{dr} \\ \omega_{rs} \varphi_{qr} \end{bmatrix} \tag{2.24}$$

2.5.1.14. Représentation d'état

2.5.1.15. Description

Dans une référence liée au stator, la représentation d'état dans cette référence est utilisée dans la conception de la commande directe du couple. Cette référence est notée (α, β)

$$\begin{cases} v_{\alpha s} = R_s i_{\alpha s} + \dfrac{d}{dt} \varphi_{\alpha s} \\[2mm] v_{\beta s} = R_s i_{\beta s} + \dfrac{d}{dt} \varphi_{\beta s} \\[2mm] 0 = R_r i_{\alpha r} + \dfrac{d}{dt} \varphi_{\alpha r} + \omega_m \varphi_{\beta r} \\[2mm] 0 = R_r i_{\beta r} + \dfrac{d}{dt} \varphi_{\beta r} - \omega_m \varphi_{\alpha r} \end{cases} \tag{2.25}$$

2.5.1.16. Equations d'état

En remplaçant les expressions des courants (2.22) dans l'équation (2.24), on obtient l'équation d'état de la machine asynchrone dans un repère lié au stator :

$$\frac{dX}{dt} = Ax + BU \tag{2.26}$$

Où

$$X = \begin{bmatrix} \varphi_{\alpha s} \\ \varphi_{\beta s} \\ \varphi_{\alpha r} \\ \varphi_{\beta s} \end{bmatrix}, A = \begin{bmatrix} -\dfrac{R_s}{\sigma L_s} & 0 & -\dfrac{MR_s}{\sigma L_s L_r} & 0 \\ 0 & -\dfrac{R_s}{\sigma L_s} & 0 & \dfrac{MR_s}{\sigma L_s L_r} \\ \dfrac{MR_r}{\sigma L_s L_r} & 0 & -\dfrac{R_s}{\sigma L_s} & \omega_m \\ 0 & \dfrac{MR_r}{\sigma L_s L_r} & \omega_m & -\dfrac{R_r}{\sigma L_r} \end{bmatrix}, B \begin{bmatrix} 1 & 0 \\ 0 & 1 \\ 0 & 0 \\ 0 & 0 \end{bmatrix}, U \tag{2.27}$$

$$= \begin{bmatrix} v_{s\alpha} \\ v_{s\beta} \end{bmatrix}$$

$\dfrac{1}{T_s} = \dfrac{R_s}{L_s}, T_s$: Constant de temps statorique.

$\dfrac{1}{T_r} = \dfrac{R_r}{L_r}, T_r$: Constant de temps rotorique.

2.5.1.17. Le couple

Dans une référence liée au stator le couple électromagnétique est exprimé en fonction des flux rotoriques et statoriques.

$$C_{em} = \frac{2/3}{c^2} p \frac{M}{\sigma L_s L_r} (\varphi_{\alpha r}\varphi_{\beta r} - \varphi_{\alpha s}\varphi_{\beta r}) \tag{2.28}$$

Où bien $C_{em} = \dfrac{3}{2} p \dfrac{M}{\sigma L_s L_r} (\varphi_{\alpha r} i_{\beta r} - \varphi_{\alpha s}\varphi_{\beta r})$

2.5.1.18. Résultats des simulations

La simulation de l'ensemble MAS dont les paramètres sont donnés dans l'annexe a été faite sous les conditions suivantes :

1er cas : Démarrage à vide de la machine asynchrone ;

On remarque que le régime transitoire dure 0.5 *s* et que la vitesse reste constante autour de 156 rd/s et le couple électromagnétique atteint une valeur maximale de 850 $N.m$.à peu prés 3.5 fois le couple nominale qui est de 238 $N.m$

2ème cas : Démarrage à vide de la machine asynchrone ;

A l'instant $t = 2s$, application d'une charge de 92.5 $N.m$ *qui represente le couple de profil* à $t = 3.5$ *s* avec une élimination de la charge.

Cas1 : Le démarrage direct du moteur asynchrone à vide

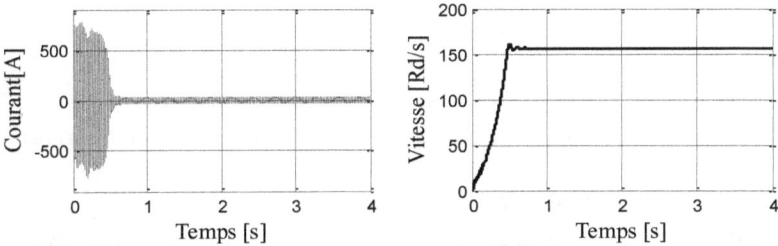

(a): Courant absorbé par le moteur

(b): Vitesse de rotation

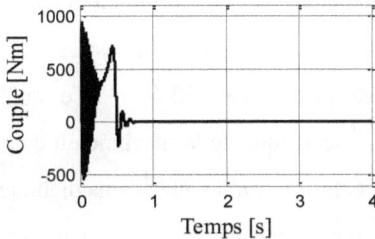

(c) : Couple électromagnétique

Figure 2-11 Comportement dynamique de la machine asynchrone l'or du démarrage à vide

Cas2 : Le démarrage direct du moteur asynchrone avec application d'une charge .

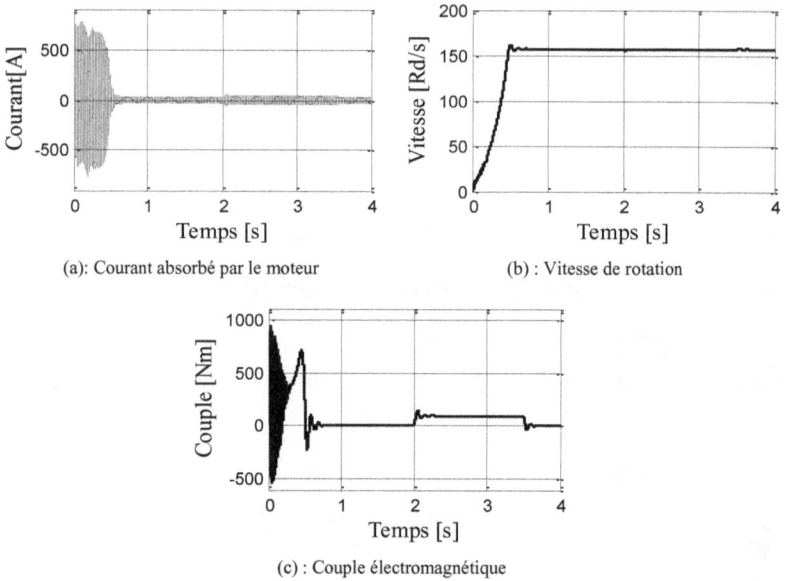

(a): Courant absorbé par le moteur

(b) : Vitesse de rotation

(c) : Couple électromagnétique

Figure 2-12 Comportement dynamique de la machine asynchrone l'or du démarrage en charge.

2.5.1.19. **Commentaire de simulation**

A vide : Le courant d'appel ou de démarrage est égal à *5* à *7* fois environ le courant nominal. Après sa disparition, le régime permanent est atteint et il reste le courant correspondant au comportement inductif du moteur à vide.

Quant au couple électromagnétique, on constate qu'au démarrage il est pulsant et atteint des piques de $850\ N.m$. Ce qui explique le bruit engendré par la partie mécanique de la machine au démarrage. Une fois le régime permanent établi, le couple électromagnétique se stabilise à la valeur $0.17\ N.m$ qui correspond à des pertes par frottement. La vitesse atteint sa valeur nominale au bout de *0.5sec*. Les oscillations de couple se font évidemment ressentir sur l'évolution de la vitesse qui en régime permanent se stabilise à $1480\ tr/min$.

En charge : Avec une application d'une charge à l' instant $t = 2s$ d'une valeur $92.5\ N.m$ au bout $1.5s$ après cet instant en enlève cette charge, et on remarque une diminution de la vitesse de rotation et une augmentation des courants statoriques. Ce qui se répercute sur le couple électromagnétique qui augmente afin de compenser le couple de charge et les pertes de frottement.

2.6. Charge du véhicule

2.6.1. Modélisation dynamique du véhicule

Dans le but d'étudier la commande du véhicule, il est nécessaire de disposer d'un modèle qui rend compte de la dynamique du véhicule à partir des efforts de traction développés par ses actionneurs et des forces de résistance au déplacement. Ainsi, cette section a pour objectif ; la modélisation de la dynamique du véhicule. Ce dernier est un système intrinsèquement non linéaire de par sa cinématique et ses caractéristiques dynamiques comme les éventuels glissements sur la chaussée, les fluctuations d'adhérence sur la route, le comportement des pneus ou encore l'inertie inhérente à tout système mécanique. Tous ces phénomènes sont complexes et difficiles à appréhender.

La commande d'un tel système est donc un problème qui, pour être résolu de façon satisfaisante et doit prendre ces non-linéarités en considération.

Dans un premier temps, nous décrivons les différentes contraintes dynamiques sur le véhicule qui déterminent les limites à ne pas dépasser. Ces contraintes ont donc une influence sur les trajectoires autorisées pour le véhicule.

2.6.2. Contraintes dynamiques sur le véhicule

Il faut bien étudier les contraintes dynamiques, car le véhicule étant un système mécanique réel. Il est évident qu'il existe des limites sur les forces ou les couples qui peuvent être générés. Des critères prennent en compte la vitesse et l'accélération maximale pour éviter les problèmes de dérapage et de patinage.

a) Contraintes d'accélération : accélération et freinage

Les contraintes d'accélération sont simples mais néanmoins importantes. Il est clair que le moteur a une borne maximale sur l'accélération qu'il peut fournir. Cela se traduit par :

$$\gamma < \gamma_{max} \qquad (2.29)$$

De même, le freinage du véhicule est contrôlé par une force de freinage qui est proportionnelle à la décélération des roues. Cette nouvelle contrainte impose :

$$\gamma_{min} < \gamma < \gamma_{max} \qquad (2.30)$$

b) Contrainte de vitesse maximale

Il semble naturel que le véhicule ait une vitesse maximale. Alors la cinématique du véhicule peut être exprimée avec les contraintes additionnelles suivantes :

2.6.3. Importance du calcul de la vitesse et de l'accélération maximales

Lorsqu'un véhicule se déplace dans un virage, la force centrifuge le pousse hors de la courbe avec une valeur dépendante de la vitesse et du rayon de courbure. Pour cette force, il n'y a pas besoin d'un point d'appui matériel, elle est produite par l'inertie du corps. Par contre, afin d'effectuer le virage, l'accélération normale produite par l'angle de rotation pousse le véhicule dans le sens contraire. Les roues posées sur le sol doivent produire la force centripète qui ramène le véhicule dans la courbe. Ces deux forces en équilibre vont se traduire par un déplacement correct, sinon le déséquilibre produira la dérive du véhicule. Cette dérive a lieu à cause d'une adhésion des roues au sol qui ne correspond pas à la vitesse de déplacement. Lors d'un démarrage, les roues motrices imposent une force de traction au véhicule qui va engendrer le mouvement, si cette force est très importante, les roues patinent.

2.6.4. Vitesse maximale d'un véhicule dans un virage

Décomposons le poids du véhicule en une composante dirigée vers le centre de la trajectoire du véhicule, et une composante oblique, dirigée vers le sol,(figure 2.12. Soit α l'inclinaison de la composante oblique sur la verticale [19,35].

La condition de non dérapage se traduit par :

$$\frac{MV^2}{\rho} < (Mg\sin\alpha + \mu Mg\cos\alpha) \tag{2.31}$$

où :

ρ : Rayon du virage ;

V : Vitesse du véhicule ;

μ : Coefficient de friction des pneus du véhicule sur la route.

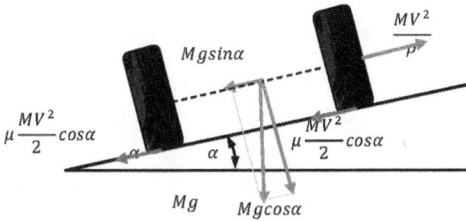

Figure 2-13 Déplacement du véhicule dans un virage sur une chaussée inclinée d'un angle α

Par suite, la valeur maximale V_{max} de la vitesse avec laquelle le véhicule peut aborder le virage sans risque de dérapage vaut:

$$V^2 = \sqrt{Mg\mu} \tag{2.32}$$

Pour diminuer le risque de dérapage, nous pouvons ;

• diminuer la vitesse du véhicule V ;

• Augmenter le rayon de courbure p de la trajectoire ;

• Augmenter le Coefficient de friction des pneus du véhicule.

Pour virer, le véhicule doit donc incliner son plan vers la concavité du virage. L'inclinaison dépend de la vitesse et du rayon de la trajectoire ; plus le véhicule va vite et vire court, plus il doit s'incliner. La vitesse maximale est donc contrainte par les mouvements en rotation.

b) Remarque

La détermination de la vitesse maximale et l'accélération maximale ne sont que des approximations, puisque le fait que les roues tournent, modifient ces valeurs (déformation des roues). Ces valeurs donnent cependant un ordre des grandeurs de ce qui peut être utilisé

2.6.5. Efforts et couples résistant au déplacement

La deuxième partie du modèle dynamique, décrivant la dynamique du véhicule, reçoit les performances imposées au véhicule par le cycle et le profil d'élévation et fournit la puissance à la roue P_v qui peut s'exprimer par :

$$P_v = C_T \Omega_{roue} \qquad (2.33)$$

Le couple de traction total C_T et la vitesse de rotation de la roue Ω_{roue} sont calculés directement à partir de la force de traction du véhicule *FT* et de sa vitesse imposée v :

$$\begin{cases} C_T = F_T r \\ \Omega_{roue} = \dfrac{v}{r} \end{cases} \qquad (2.34)$$

Où r est le rayon de la roue.

L'énergie nécessaire au déplacement du véhicule E_v est calculée à travers le comportement dynamique de la voiture décrit par les équations classiques de la mécanique.

$$E_v = \int_0^t P_v \, dt \qquad (2.35)$$

Ces équations prennent en compte les coefficients spécifiques du véhicule étudié et les performances dynamiques imposées. D'après la deuxième loi de Newton, l'accélération a du véhicule peut être décrite par :

$$a = \frac{dv}{dt} = \frac{F_T - F_R}{\sigma M} \qquad (2.36)$$

Ou, F_R est la force totale de résistance à l'avancement du véhicule et M la masse totale du véhicule. δ est un coefficient intervenant sur la masse qui prend en compte l'effet des masses en rotation dans la chaîne de traction. De plus l'orientation du modèle de conception, l'accélération a est une donnée du problème et peut être utilisée pour calculer la force totale de traction du véhicule F_T. La relation (2.31) devient :

$$F_T = F_R + \sigma Ma = F_R + F_{acc} \qquad (2.37)$$

Comme présentée dans la (figure 2.13), la force de résistance totale à l'avancement du véhicule F_R représente la somme de 3 forces résistantes, c'est-à-dire : la force de roulement F_{roul}, la force due à la pente F_{prof} et la force de résistance aérodynamique F_{aero}. Pour obtenir la force de tractionF_T, il faut ajouter à la force de résistance, la force d'accélération F_{acc} apparue dans (2.37). Cette force d'accélération peut être vue comme la force nécessaire pour vaincre l'inertie du véhicule et donc permettre l'accélération du véhicule. Ainsi, l'effort total nécessaire F_T pour vaincre la résistance à l'avancement et accélérer le véhicule est de la forme :

$$F_T = F_{roul} + F_{prof} + F_{aero} + F_{acc} \qquad (2.38)$$

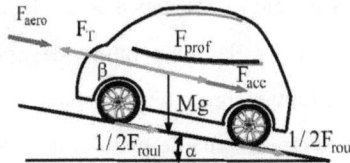

Figure 2-14 Les forces qui agité sur le véhicule dans une pente

2.6.5.1. Force de Roulement

La force de résistance au roulement F_{roul} est liée à la masse du véhicule $M(kg) = F_{roul}$, à l'accélération gravitationnelle ($g = 9.81 m/s^2$ et à un coefficient de résistance au roulement C_r.

$$F_{roul} = MgC_r \qquad (2.39)$$

La force de roulement apparaît sur tout objet roulant .Dans le cas du véhicule, elle est due à la déformation de la roue ou du pneu et à l'état de surface de la route C'est une force qui s'oppose toujours au déplacement. Dans un pneu en repos, la force normale à la route équilibre le poids du véhicule au niveau du contact roue/sol. Quand le véhicule roule, les deux forces ne sont plus alignées à cause de la déformation du pneu. La (figure 2.12) montre le décalage crée par la force de roulement qui produit un couple résistant à la roue [35, 36,41].

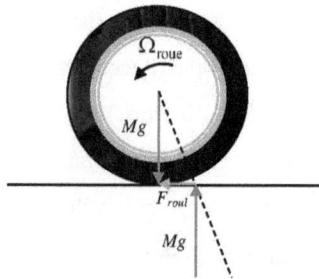

Figure 2-15 La force de roulement sur la roue.

Les facteurs qui affectent la résistance au roulement sont : le type de pneu, la pression des pneus, la température des pneus, la vitesse du véhicule, le revêtement routier, la matière du pneu et le niveau de couple transmis. Parmi ces facteurs, le type de pneu et la pression des pneus sont souvent les plus significatifs. Comme le C_r est proportionnel à la superficie de contact pneu/sol, un pneu plus petit minimise sa valeur, mais en même temps diminue l'adhérence de la roue. Le coefficient C_r pour les pneus radiaux montés habituellement sur nos voitures, est d'environ 0,013. Ce coefficient augmente lorsque la pression diminue. Pour la traction électrique , Michelin a développé des pneus dits "verts" d'une valeur de seulement 0,007, soit d'environ la moitié d'un pneu classique.

La résistance au roulement peut être minimisée en maintenant les pneus bien gonflés afin de réduire sa déformation.

- Nous donnons ci-dessous quelques valeurs indicatives de C_r en fonction de l'état du terrain:

- Pneumatique sur bon terrain : $C_r = 0.015$ à 0.03;

- Pneumatique sur mauvais terrain : $C_r = 0.15$;

- Pneumatique en tout terrain : $C_r = 0.2$ à 0.3 .

2.6.5.2. Force due au profil de la route

La force liée au profil de la route F_{prof} est la force nécessaire à un véhicule de masse M pour vaincre une pente p. Pour caractériser le profil de la route sur un parcours donné, il faut cartographier la pente en fonction de la distance parcourue. Ensuite, grâce à la vitesse, la distance est déterminée ce qui permet de déduire la valeur de la pente à chaque instant [38,39,40].

$$F_{prof} = Mg\sin(\alpha) \qquad (2.40)$$

ou,α représente l'angle de la pente. Pour simplifier les calculs,$\sin(\alpha)$ est souvent remplacer par la pente, pour de faibles valeurs.

$$F_{prof} = Mgp_{pent} \qquad \text{pour } p \leq 20\% \qquad (2.41)$$

La pente en % est définie comme l'élévation verticale en mètres pour une distance horizontale de 100 mètres. Si y représente l'élévation verticale, la pente p(%)est donnée par la relation suivante :

$$P_{pent}(\%) = \frac{y(m)}{100(m)} \cdot 100(\%) = y \qquad (2.42)$$

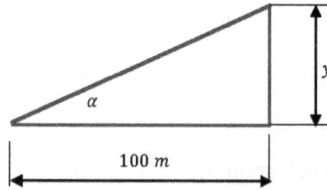

Figure 2-16 La pente sur la route

Mais, la pente utilisée dans (2.42) pour calculer la force due au profil ne sera pas considère en %. Elle est définie par la tangente de l'angle α : La force due au profil routier peut s'écrire :

$$P_{pent} = tg\alpha = \frac{y(m)}{100(m)} \cong \sin(\alpha) \qquad (2.43)$$

La force due au profil routier peut s'écrire :

$$F_{prof} = M.g.\sin(\arctan p) \qquad (2.44)$$

Ainsi, la force du profil estimée par la relation (2.42) fait l'approximation que la tangente est équivalente au sinus, ce qui est juste pour les faibles valeurs de la pente comme présentée sur la (figure 2.13). Pour une pente de 20%, l'erreur commise est de 6% et seulement de 1,5% pour une pente de 10%.

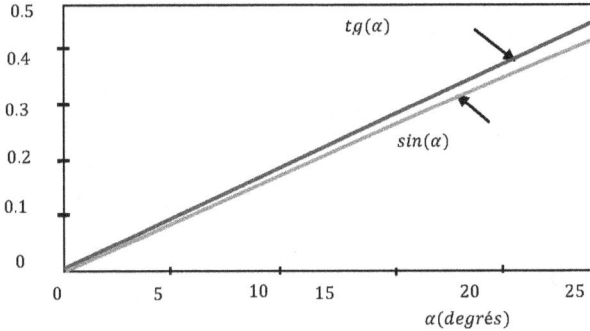

Figure 2-17 Approximation du sinus par la tangente pour des valeurs faible de la pente
La pente est positive pour une montée et négative pour une descente. Cela fait que la force devient positive en montée et s'oppose à l'avancement du véhicule, et devient négative en descente et s'ajoute à la force de traction.

2.6.5.3. Force de résistance aérodynamique

La force de résistance aérodynamique F_{aero} est proportionnelle à la densité volumique de l'air ρ, à la section frontale du véhicule $S_f(m^2)$,au coefficient de pénétration dans l'air C_x (drag coefficient - C_d dans la littérature anglo-saxonne), à la vitesse du véhicule $v(m/s)$ et à la vitesse du vent v_v (m/s) qui est positive dans le sens inverse de v et négative dans le sens de v [35,36,37].

$$F_{aero} = \frac{1}{2}\rho.\,S_f.\,C_x.\,(v + v_v)^2 \qquad (2.45)$$

En général ρ est pris égal à 1,23 kg/m³ bien qu'il dépend de l'altitude et de la température. D'autre part, le coefficient de pénétration dans l'air C_x change de manière significative, s'étendant de 0,2 à 1,5 suivant le type de véhicule. Par exemple pour les voitures avec un C_x amélioré, la valeur de C_x est de l'ordre de 0,2 à 0,3, pour les voitures de tourisme de 0,3 à 0,5, pour les fourgons de 0,5 à 0,6, pour les autobus de 0,6 à 0,7, et les camions de 0,8 à 1,5 .

force aérodynamique (kN)

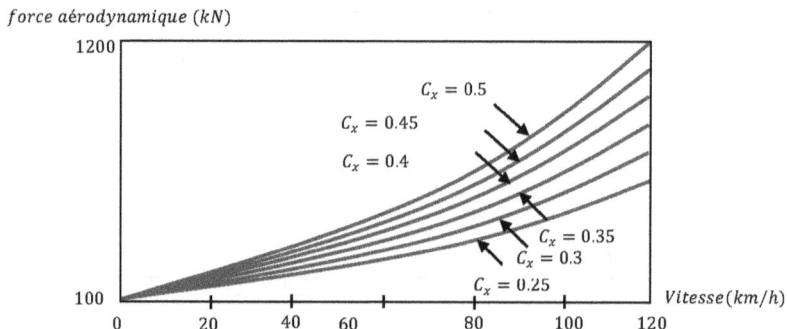

Figure 2-18 Force aérodynamique en fonction de la vitesse pour différentes valeurs du C_x

Pour les véhicules particuliers, la section frontale S_f peut être approximée à partir de la largeur et de la hauteur du véhicule ou à partir de sa masse. En effet, la section frontale varie entre 79-84% par rapport à la surface donnée par le produit entre la largeur et la hauteur du véhicule. Par contre, baseé sur les données des véhicules particuliers avec une masse entre 800 et 2000kg, la relation entre la section frontale S_f et la masse M peut être approximée par la relation :

$$S_f = 1,6 + 0,00056.(M - 765) \qquad (2.46)$$

Environ 60% de la puissance nécessaire pour rouler sur l'autoroute est utilisée pour surmonter la résistance aérodynamique qui augmente très rapidement avec la vitesse. Par conséquent, un véhicule avec une aérodynamique sensiblement meilleure sera plus économe en consommation de carburant .La (figure 2.14) représente la variation de la force aérodynamique en fonction de la variation du coefficient C_x entre 0,25 et 0,5 pour une plage de valeurs de la vitesse de véhicule de 0 à 120 km/h. Ces courbes montrent que pour une vitesse de 120 km/h, un C_x de 0,4 augmente la force de résistance aérodynamique de 33% par rapport à un C_x de 0,3.

2.6.5.4. **Force due à l'accélération**

La force due à l'accélération assure le comportement dynamique souhaité par le conducteur. Cette force est obtenue par le produit entre la masse M de la voiture, l'accélération a imposée par le conducteur et un coefficient σ.

$$F_{acc} = \sigma. M. a = F_T - (F_{aero} + F_{roul} + F_{prof}) = F_T - F_{res} \qquad (2.47)$$

σ est un coefficient sans dimension, légèrement supérieur à 1, qui augmente la masse du véhicule proprement dite afin de prendre en compte l'inertie des masses en rotation telles que les roues, les engrenages, les axes et les rotors des moteurs électriques. La variation de ce coefficient est de 1,01 à 1,4. Il est de 1,1 à 1,3 pour une locomotive et de 1,04 pour une rame TGV ou Eurostar. Pour les véhicules particuliers, le coefficient σ peut être calculé en utilisant une relation empirique :

$$\sigma = 1,04 + 0,0025. gr^2 \qquad (2.48)$$

Le terme 1,04 dans l'équation (2.48) représente la contribution de l'inertie en rotation des roues du véhicule. Le deuxième terme représente la contribution des autres composants qui tournent à la vitesse du moteur, ou gr est le rapport de réduction global rapporté aux roues.

2.7. Réducteur et transmission

La transmission mécanique relie les moteurs électriques aux roues motrices. Il s'agit d'adapter la vitesse et le couple du moteur aux exigences fonctionnelles du véhicule.

Trois familles de réducteurs sont classiquement utilisées dans les véhicules : rapport fixe, rapport variable discret et rapport continûment variable. Ces éléments ne sont pas indispensables dans la chaîne de traction. En effet, ils sont complètement supprimés dans la solution à entraînement direct. Cependant, du point de vue concepteur, le réducteur est un élément très important permettant souvent une économie conséquente sur la masse du moteur dont les dimensions sont déterminées principalement par le couple à fournir.

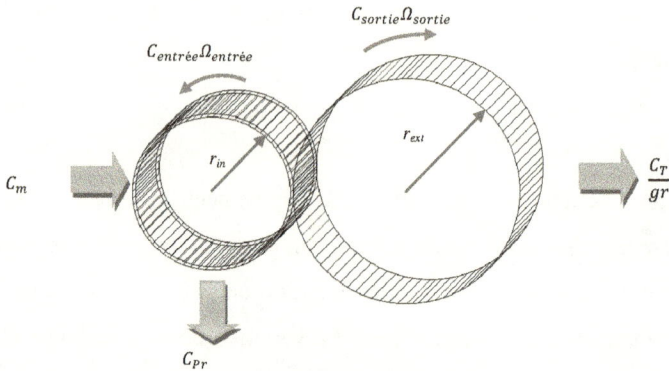

Figure 2-19 Le mécanisme du réducteur.

Les équations régissant le fonctionnement du réducteur font intervenir le rapport de réduction gr et le couple de pertes de la transmission C_{Pr}. Ainsi, le couple moteur $C_m (N.m)$ et la vitesse de rotation moteur Ω (rad/ s) est déterminé à partir des performances demandées à la chaîne de traction (couple C_T et vitesse Ω à la roue) par les relations suivantes :

$$\Omega_m = \Omega_m . gr \qquad \text{avec } gr = \frac{r_{in}}{r_{in}} > 0 \qquad (2.49)$$

$$C_m = \frac{C_T}{gr} + C_{Pr} \qquad (2.50)$$

2.8. Différentiel mécanique

Le différentiel est un ensemble mécanique monté entre l'arbre de transmission et les roues motrices Le différentiel doit :

- Transmettre aux arbres transversaux qui commandent les roues motrices, le couple moteur qu'il reçoit de l'arbre de transmission, placé dans l'axe longitudinal du véhicule.

- Démultiplier la vitesse de rotation de l'arbre de transmission.

- Permettre à la roue motrice placée à l'extérieur d'un virage de tourner à plus grande vitesse que la roue placée à l'intérieur. Cette fonction particulière a donnée son nom au différentiel [46,47,48].

2.8.1. Description

Le différentiel est essentiellement constitué par,deux pignons planétaires A et B, sur lesquels sont invariablement fixés les deux demiarbres moteur qui sorte en générale de part et d'autre de boîtier de différentiel. Un ou plusieurs pignons satellites C, qui engrènent avec les planétaires et sont fous sur leur axe , Un porte-satellites F, appelé coquille du différentiel, sur lequel sont fixés les axes des satellite et qui, par l'intermédiaire de couple conique, reçoit un mouvement de rotation dont l'axe coïncide avec celui des planétaires et des demi-arbres .Tout le mécanisme de différentiel est enformé dans un carter, carter de différentiel.

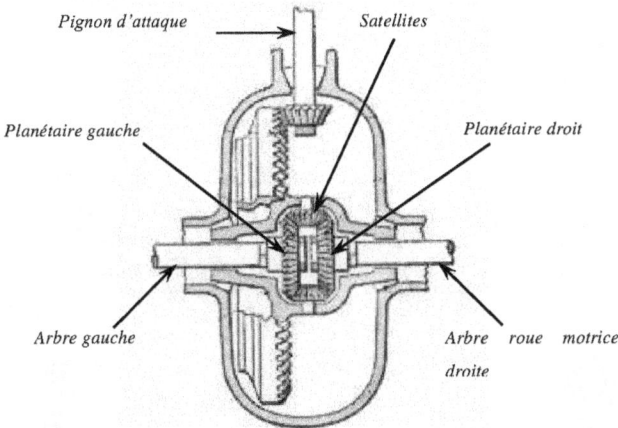

Figure 2-20 schéma de principe d'un différentiel mécanique.

2.8.2. Fonctionnement

Les arbres des roues sont indépendants mais la disposition des satellites assure toujours à l'un des planétaires au moins la transmission de mouvement provenant de la couronne du différentiel [5, 23].

Marche en ligne droite : Les deux roues reçoivent et transmettent le même effort, elles tournent dans le même sens et à des vitesses supposées rigoureusement identiques. Les roues motrices et les planétaires A et B tournent à la même vitesse que la coquille, et les satellites sont immobilisés par rapport à celle-ci.

Marche en virage : Les deux roues parcourent des chemins différents, elles tournent dans la perte de rotation de cette roue se rapporte, par l'intermédiaire des satellites que se mettent, alors à tourner plus vite et à parcourir ainsi plus de chemin. Dans ces conditions la vitesse angulaire de la roue extérieure devient supérieure à celle intérieure. Les satellites ne sont pas immobilisées et les planétaires A et B ne tournent pas à la même vitesse à la coquille.

Non adhérence d'une roue : La résistance de la roue opposée oblige les satellites, prenant appui sur le planétaire immobilisé à tourner sur eux-mêmes et à entraîner à une vitesse double de celle de la coquille, la roue qui patine sans entraîner le véhicule.

La (figure 2.12) montre le fonctionnement du différentiel.

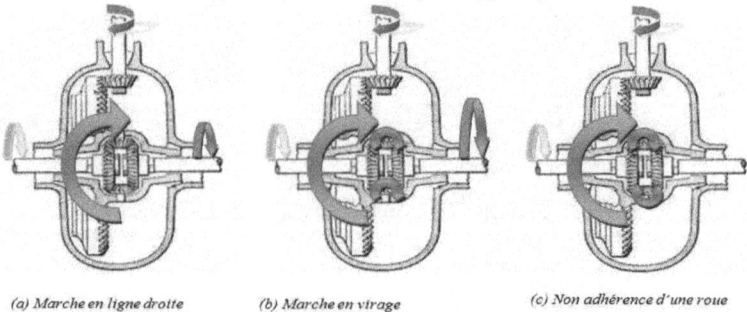

(a) Marche en ligne droite   (b) Marche en virage   (c) Non adhérence d'une roue

Figure 2-21 fonctionnement du différentiel.

2.8.3. **Modélisation**

La (figure 2.22) résume le comportement dynamique d'un différentiel mécanique.

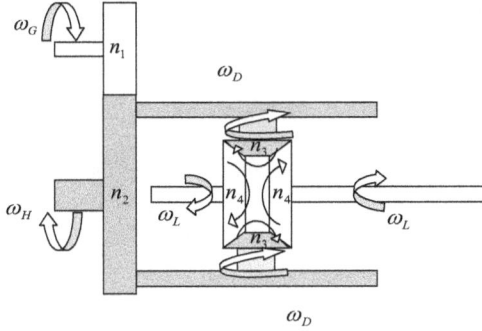

Figure 2-22 Modèle cinématique du différentiel mécanique.

Le système d'équation mécanique qui régit le fonctionnement du différentiel s'écrit [5] :

$$\omega_H = \frac{n_1}{n_2}\omega_G \qquad (2.51)$$

$$\omega_L = \omega_H + \frac{n_3}{n_4}.\omega_D \qquad (2.52)$$

$$\omega_R = \omega_H - \frac{n_3}{n_4}.\omega_D \qquad (2.53)$$

$$T_H = \frac{n_2}{n_1}T_G \qquad (2.54)$$

$$T_L = \frac{T_H}{2} + \frac{n_4}{n_3}.\frac{T_D}{2} \qquad (2.55)$$

$$T_R = \frac{T_H}{2} - \frac{n_4}{n_3}.\frac{T_D}{2} \qquad (2.56)$$

Avec : $\omega_G, \omega_H, \omega_L, et\ \omega_R$

$\omega_G, \omega_H, \omega_L, et\ \omega_R$ Sont les vitesses angulaires du pignon d'attaque, de la grande couronne ou la coquille, du satellite autour de son axe, de planétaire droit et planétaire gauche.

$T_G, T_H, T_L, et\ T_R$ sont les couples du pignon d'attaque, de la coquille, du satellite, de planétaire droit et planétaire gauche.

$n_1, n_2, n_3,$ et n_4 représente le nombre de dents des pignons d'attaque, de couronne, de satellites et planétaires.

A partir des équations ci-dessus, on en déduit :

$$\omega_G = \frac{n_1}{n_2}\left(\frac{\omega_R + \omega_L}{2}\right) \tag{2.57}$$

$$T_G = \frac{n_1}{n_2}(T_R + T_L) \tag{2.58}$$

En appliquant le principe de conservation de puissance, si on néglige les pertes, on obtient :

$$\omega_G . T_G = \omega_R . T_R + \omega_L . T_L \tag{2.59}$$

La multiplication des équations 2.57 et 2.58 donne :

$$\omega_G . T_G = \omega_R \left(\frac{T_R + T_L}{2}\right) + \omega_L \left(\frac{T_R + T_L}{2}\right) \tag{2.60}$$

2.8.4. Equilibrage des couples sur les roues motrices

Le différentiel présente une propriété dynamique remarquable .Il permet de répartir le couple d'entraînement de la couronne du différentiel T_G en deux couples rigoureusement égaux sur chaque arbre de roue. Par identification des équations 2.59 et 2.60, on obtient :

$$T_R = T_R = \frac{n_1}{n_2} . \frac{T_G}{2} \tag{2.61}$$

Le différentiel permet d'entraîner les roues motrices à des vitesses de rotation inégales tout en maintenant les efforts qu'elles reçoivent à des valeurs rigoureusement identiques [19,46,47,48].Les résultats ci-dessus peuvent être résumés dans le (tableau 2.1).

Tableau 2-1 fonctionnement de différentiel.

		Vitesses				
		Satellites ω_D	Planétaire droit ω_R	Planétaire gauche ω_L	Pignon d'attaque ω_G	Couronne ω_H
Ligne droit	Plan horizontal	0	$\omega_R = \omega_L$	$\omega_L = \omega_D$	$\frac{n_2}{n_1}.\omega_R$	$\frac{n_1}{n_2}.\omega_G$

	Plan incliné	0	$\omega_R = \omega_L$	$\omega_L = \omega_D$	$\dfrac{n_2}{n_1}.\omega_R$	$\dfrac{n_1}{n_2}.\omega_G$
virage	*à droite*	$\omega_D \neq 0$	$\omega_H - \dfrac{n_3}{n_4}.\omega_D$	$\omega_H + \dfrac{n_3}{n_4}.\omega_D$	$\dfrac{n_3}{n_4}(\dfrac{\omega_R + \omega_L}{2})$	$\dfrac{n_1}{n_2}.\omega_G$
	à gauche	$\omega_D \neq 0$	$\omega_H + \dfrac{n_3}{n_4}.\omega_D$	$\omega_H - \dfrac{n_3}{n_4}.\omega_D$	$\dfrac{n_3}{n_4}(\dfrac{\omega_R + \omega_L}{2})$	$\dfrac{n_1}{n_2}.\omega_G$
Non adhérence	*Roue droite*	$\omega_D \neq 0$	0	$2.\omega_L$	$\dfrac{n_2}{n_1}.\omega_L$	$\dfrac{n_1}{n_2}.\omega_G$
	Roue gauche	$\omega_D \neq 0$	$2.\omega_R$	0	$\dfrac{n_2}{n_1}.\omega_R$	$\dfrac{n_1}{n_2}.\omega_G$

2.9. Modélisation du véhicule électrique

Le modèle de véhicule sera obtenu sous les hypothèses simplificatrices usuelles, savoir :

Les roues sans glissement latéral Nous étudierons le cas où les roues avant sont seules directrices, les roues arrière sont motrices.

2.9.1. Géométrie du véhicule

La (figure 2.23) présente le modèle géométrique du véhicule. Seuls trois paramètres sont utiles, soit la distance entre les roues motrices d_ω, le rayon des roues motrices R_ω et l'empattement du véhicule L_ω le (tableau 2.2) donne les valeurs numériques du véhicule électrique [43,44,45].

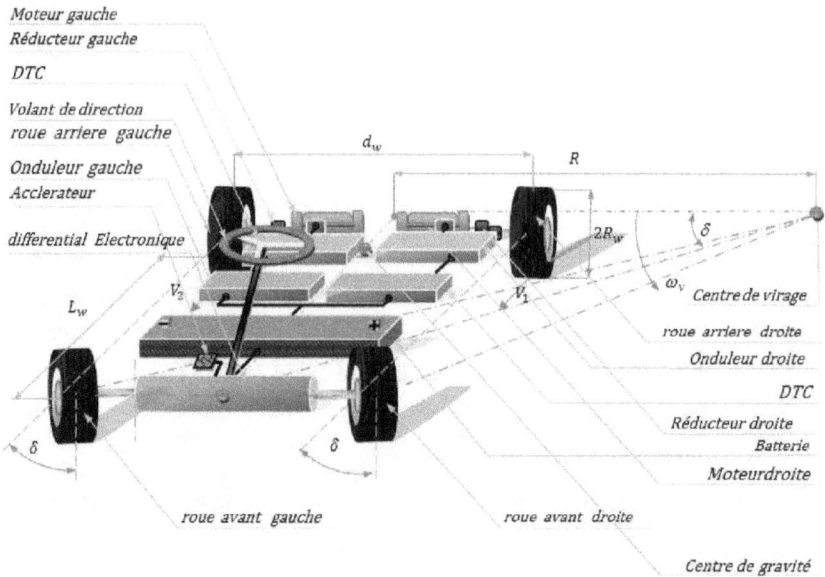

Figure 2-23 Structure de Véhicule dans le virage.

Tableau 2-2 Paramètres géométriques du véhicule.

Description	symbole	Valeur numérique
Empâtement du véhicule	L_ω	2 ,5 m
Distance entre les roues motrices	d_ω	1,5 m
Rayon des roues motrices	R_ω	0 ,26 m

2.9.2. Modèle cinématique

La (figure 2.24) représente le modèle cinématique du véhicule dans un repère cartésien (x, y, θ), avec x l'abscisse, y l'ordonnée et θ caractérise l'angle que fait l'axe longitudinal du véhicule avec l'axe des abscisses du repère lié à l'environnement (fixé au sol).

Soit $F(X_F, Y_F)$, (resp. $R(X_R, Y_R)$) les cordonnées du centre de l'essieu avant (Respectivement arrière). De même V_F (respectivement V_R) représente le braquage des roues de l'essieu avant (respectivement arrière). ρ_F

Figure 2-24 Structure de Véhicule dans le virage.

(Respectivement ρ_R) est le rayon de giration instantané associé au point F (Respectivement R).

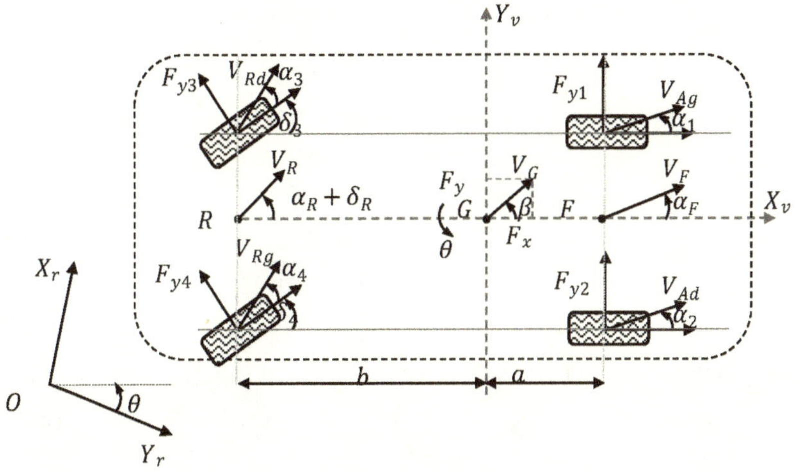

Figure 2-25 Configuration complète du véhicule.

L'angle entre le vecteur V_R et l'axe longitudinal du véhicule s'appelle l'angle de glissade du véhicule, qui est en général identique avec l'angle de direction δ, un coefficient de proportionnalité ($k = 0.69$) entre ces deux angles est définis :

$$\beta = k\delta \tag{2.62}$$

La distance CG peut être exprimée de la manière suivante :

$$CG = \frac{RG}{tg\beta} = \frac{GF}{tg\delta} \tag{2.63}$$

Ce qui permet d'obtenir :

$$RG = GF.\frac{tg\delta}{tg\beta} \tag{2.64}$$

De plus :

$$RG + GF = l_\omega \tag{2.65}$$

On en déduit les expressions de RG et GF en fonction de L_w, δ et β :

$$RG = \frac{1}{1 + \frac{tg\delta}{tg\beta}} = l_\omega \frac{\cos\delta . \sin\beta)}{\sin(\delta + \beta)} \qquad (2.66)$$

$$GF = \frac{1}{1 + \frac{tg\beta}{tg\delta}} = l_\omega \frac{\cos\beta . \sin\delta)}{\sin(\delta + \beta)}$$

$$(2.67)$$

Les rayons de braquage ρ_R et ρ_F sont donnés par :

$$\rho_R = \frac{RG}{|\sin\beta|} = l_\omega \frac{\cos\delta}{\sin(\delta + \beta)} \qquad (2.68)$$

$$\rho_F = \frac{RG}{|\sin\delta|} = l_\omega \frac{\cos\beta}{\sin(\delta + \beta)} \qquad (2.69)$$

$$CG = \rho_R = \rho_R \cos\beta = \rho_\delta \cos\beta \qquad (2.70)$$

La vitesse de rotation instantanée peut s'écrire :

$$\theta = \frac{V_R}{\rho_R} = \frac{V_F}{\rho_F} = \frac{V_h}{\rho_G} \qquad (2.71)$$

Les équations du mouvement en R sont obtenues de manières géométriques :

$$x_R = V_R \cos(\theta + \beta) \qquad (2.72)$$

$$y_R = x_R = V_R \sin(\theta + \beta) \qquad (2.73)$$

$$\theta = V_R \frac{\sin(\delta + \beta)}{l_\omega \cos\delta} \qquad (2.74)$$

$$\omega = \dot{\theta} \qquad (2.75)$$

Les vitesses au point R sont données par :

$$V_R = \frac{V_{R_r} + V_{R_I}}{2} \qquad (2.76)$$

$$\omega = \frac{V_{R_r} + V_{R_I}}{d} \qquad (2.77)$$

Les équations suivantes sont utilisées pour retrouver les différents paramètres cinématiques du véhicule. A partir des équations précédentes, on peut déterminer les vitesses linéaires des roues motrices :

$$V_{R_r} = V_R + \Delta V \tag{2.78}$$

$$V_{R_l} = V_R - \Delta V \tag{2.79}$$

avec :

$$\Delta V = \frac{d_\omega}{2} \frac{\sin(\delta + \beta)}{l_\omega \cos\delta} \tag{2.80}$$

En général, les expressions des vitesses des roues motrices sont reformulées comme suite :

$$V_{R_r} = V_R + k_\delta \Delta V \tag{2.81}$$

$$V_{R_l} = V_R - k_\delta \Delta V$$

avec $k_\delta = \pm 1$ correspond à un choix de braquage des roues, à droite(-1) ou à gauche (+1) .

Les vitesses linéaires des roues :

$$V_{R_r} = \omega_{R_r} R_r \tag{2.82}$$

$$V_{R_l} = \omega_{R_l} R_r \tag{2.83}$$

Les vitesses angulaires des roues motrices s'écrivent :

$$\omega_{R_r} = \omega_R + k_\delta \Delta\omega \tag{2.84}$$

$$\omega_{R_l} = \omega_R + k_\delta \Delta\omega$$

avec :

$$\Delta\omega = \frac{\Delta V}{R_r} \frac{\sin(\delta + \beta)}{l_\omega \cos\delta} \cdot \frac{V_R}{R_r} = \frac{d\omega}{2} \frac{\sin(\delta + \beta)}{l_\omega \cos\delta} \cdot \omega_R \tag{2.85}$$

$\Delta\omega$: la variation de vitesse angulaire (nulle en ligne droite).

L'équation (2.72) montre bien que la variation de vitesse des roues motrices est imposée par la trajectoire. Le cas particulier de la ligne droite, ou les deux roues parcourent des trajectoires identiques, la variation de vitesse est nulle. Donc les vitesses de rotation sont égales. Le fonctionnement de différentiel est illustré par les équations (2.71 et 2.72).

2.9.3. **Différentiel électrique**

Les technologies développées pour les moteurs et l'électronique associer, permet d'envisager des véhicules électriques à transmissions aux deux roues. La miniaturisation autorise dans certain cas, la mise en place des moteurs électriques dans les roues. On élimine alors tous les dispositifs mécaniques de transmission, au profit d'une gestion électronique de leur fonction.

Bien qu'une transmission conventionnelle soit conservée dans la plupart des cas, c'est-à-dire moteur/réducteur/différentiel, la structure globale d'un véhicule électrique va vers la simplicité. Plus c'est simple, plus c'est léger, moins ça consomme d'énergie.

La transmission à un moteur par roue (même s'ils ne sont pas directs) permet un contrôle indépendant des roues qui doit offrir un meilleur comportement routier.

L'allégement de la chaîne de traction passe plutôt par l'augmentation de la vitesse de rotation des moteurs et donc l'utilisation d'un réducteur [49,50,51,52].

La (figure 2.25) représente une transmission complète avec les deux moteur–roues.

Figure 2-26 Transmission complète avec les deux moteur-roues

2.9.4. **Structure du système propulseur**

La configuration classique de la chaîne de motorisation d'un véhicule électrique est présentée sur la (figure 2.26), elle se compose d'un moteur électrique principal central avec réducteur de vitesse et d'un différentiel mécanique.

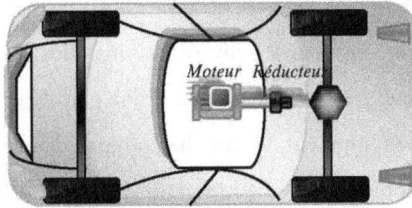

Figure 2-27 chaîne de motorisation à moteur principal avec réducteur de vitesse-différentiel

Actuellement, de nombreux progrès ont été fait dans la technologie de l'architecture de la chaîne de motorisation d'un VE. En éliminant le moteur central, la transmission, le différentiel mécanique, les joints universels et l'arbre d'entraînement, les moteur-roues permettent une plus grande flexibilité au niveau de l'architecture du VE.

La(figure 2.27) représente le système de roues motrices pour véhicules électriques.

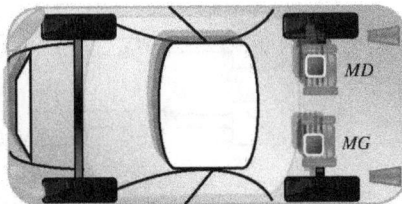

Figure 2-28 système de roues motrices d'un (différentiel électrique)
(MD : moteur droite, MG : Moteur gauche)

Le moteur-roue intègre un moteur électrique à chaque roue motrice d'un VE (au lieu d'être situé à l'unique endroit central traditionnel) et offre certains avantages sur le plan de l'assemblage et peut, quand il est accouplé à des détecteurs et un système électrique de propulsion perfectionnées, supprimer la nécessité de disposer également d'un différentiel mécanique. On contrôle donc les vitesses électroniquement en faisant ralentir ou arrêter, au besoin, un des moteurs qui actionnent les roues motrices arrière. C'est aussi par un souci de légèreté qu'on a choisi cette modification.

Les convertisseurs de puissance peuvent être installés soit à l'intérieur ou à l'extérieur de la roue. Ce système permet d'une part de contrôler avec haute précision et indépendamment le couple appliqué à chaque roue motrice (différentiel électronique) et d'autre part de maximiser la capacité du freinage régénérateur. La structure du système propulseur est semblable à celle d'un système multi machine multi convertisseur (SMM). On définit ce dernier comme étant un système formé par plusieurs actionneurs électriques couples entre eux : mécaniquement, magnétiquement et/ou électriquement.

Un exemple de SMM, utilisé dans une conversion électromécanique, est illustré par la figure (4.9) à l'aide de la représentation énergétique macroscopique (REM) .

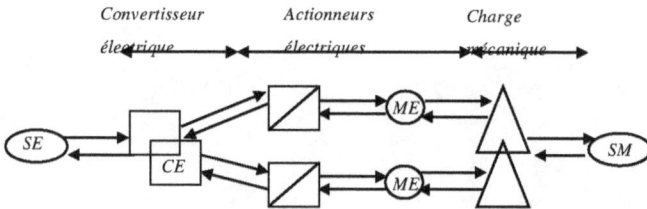

Figure 2-29 exemple de REM d'un SMM

La structure utilisée dans ce mémoire est «Structure machines indépendantes» [29], cette structure est composée de deux machines commandées indépendamment (deux structures mono machines). Sur chacune on peut imposer une référence de vitesse différente ($\Omega_{1ref} \neq$

Ω_{2ref}), grâce aux deux convertisseurs électriques. Ces derniers ne sont pas illustrés sur la (figure 2.29) pour ne pas encombrer le dessin [5,29,30,31].

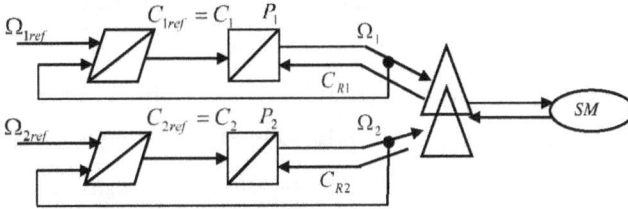

Figure 2-30 Structure «machines indépendantes»

Cette structure impose de référence en utilisant deux convertisseurs électriques. Elles n'engendrent pas de couplage via la commande et rejettent les perturbations de la même manière qu'une commande mono machine.

2.9.5. Commande de roues motrices d'un véhicule électrique

Dans notre étude, On se propose de contrôler les vitesses Ω_{m_R} et Ω_{m_L} des roues motrices à l'aide de la structure de la commande «machines indépendantes». Cette structure permet d'imposer deux références de vitesse $\Omega_{m_R} \neq \Omega_{m_L}$ dans un virage par exemple aux deux processus. Le couple à appliquer sur chacune est différent $C_{m_R} \neq C_{m_L}$ (dans un virage, par exemple). Les deux processus ne reçoivent pas la même référence de couple. Il est donc impossible d'imposer la même référence de vitesse.

La structure étudiée autorise des références différentes sur les processus et demande deux convertisseurs statiques indépendants pour le réglage.

Le contrôle de vitesse de roues motrices permet de réaliser un différentiel électronique.

La stratégie de ce véhicule vise à répartir les forces de traction sur les deux moteurs. Afin d'utiliser des machines identiques, une répartition de puissance et judicieuse. Ce critère implicite mène à une commande à critère de répartition pour la partie mécanique, où chaque moteur est contrôlé pour produire la moitié de la force de traction totale.

Le couplage mécanique est résolu par un critère d'répartition des forces de traction. Cependant, la prise en compte du contact roues/sol, pose un nouveau problème qui peut être associé au couplage mécanique. En effet, la loi de contact est mal connue, et non linéaire et non stationnaire. L'ensemble de ces phénomènes (couplage mécanique et patinage), peuvent induire des couples résistants différents pour les machines à cause de patinage. Contrôler les vitesses des roues motrices est donc un première pas dans la réalisation d'un anti-patinage, mais la structure de commande étudiée qui réalise le différentiel électronique ne permet pas de réaliser encore l'anti-patinage. On se limitera à l'étude de différentiel électronique. Nous utilisons dans cette partie, une représentation énergétique macroscopique qui doit permettre une vision synthétique et mettre ainsi en évidence les interactions entre les diverses composantes de puissance utilisées.

2.9.6. <u>Représentation énergétique macroscopique du différentiel électronique</u>

Une représentation énergétique macroscopique de ce système de propulsion a été proposée pour obtenir une vision globale du différentiel électronique. Cette représentation est illustrée par la (figure 2.30).

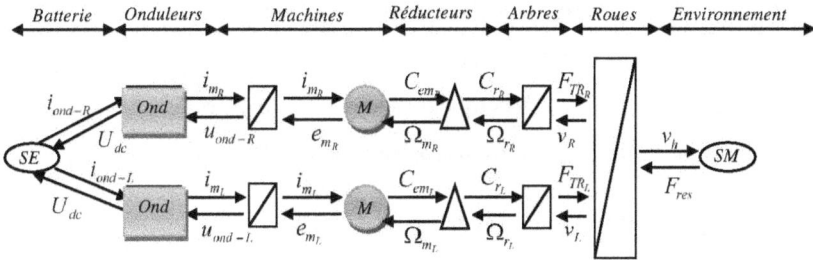

Figure 2-31 représentation énergétique macroscopique du différentiel électronique.
Le système proposé comprend deux machines asynchrones. Elles assurent
l'entraînement de deux roues motrices arrière.

2.9.7. Source électrique

La source électrique (SE) est assimilée à une batterie d'accumulation
délivrant la tension continue d'alimentation U_{dc}.

2.9.8. Source mécanique

Nous avons choisi de considérer l'environnement du véhicule comme
la source mécanique SM. Elle produit une force de résistance à
l'environnement F_{res} qui dépend principalement de la pente du trajet, de la
résistance au roulement et de la résistance aérodynamique. Cette force
dépend de la vitesse de déplacement du véhicule qui constitue alors une
entrée de perturbation pour cette source mécanique.

2.9.9. Le convertisseur électrique

Le convertisseur électrique correspond à l'onduleur à MLI. Pour une
modélisation aux valeurs moyennes, on peut le décrire par les équations
suivantes :

$$\begin{cases} u_{ond} = m_{ond}^t \cdot U_{dc} \\ i_m = m_{ond} \cdot i_{ond} \end{cases} \qquad (2.86)$$

avec :

U_{dc}: Tension imposée par la source d'alimentation.

96

U_{ond}: Tension imposée à la machine (produite par l'onduleur).

i_{ond}: courant absorbé par la source.

i_m: Courant imposé à la machine (produite par l'onduleur).

m_{ond}: Fonctions de connexions (ordre de commutation).

2.9.10. **Convertisseur mécanique**

Nous proposons une modélisation de la partie mécanique, réducteur de vitesse est considéré comme un convertisseur mécanique permettant d'adapter la vitesse de rotation de la machine Ω_mà la vitesse de rotation de la roue Ω_r, à travers un rapport de réductionN_{red}. Cet élément définit aussi le couple de réduction à partir de couple de la machine C_{em}.

$$\begin{cases} \Omega_m = N.\,\Omega_r \\ C_r = N_{red}.\,C_m \end{cases} \qquad (2.87)$$

2.10. **Système de propulsion électrique utilisé**

Le système utilisé dans notre étude est présenté par la (figure 2.31). C'est un véhicule électrique à double chaîne de traction (version multi moteur).Les deux roues avant sont des roues directrices .Notre véhicule électrique est doté d'un différentiel électronique qui joue le rôle d'un conducteur virtuel. Les deux moteurs arrière sont commandés par deux onduleurs de tension à deux niveaux. C'est derniers sont commandés par une commande directe du couple. Notre véhicule est propulsé par les moteurs arrières .Deux réducteurs arrières, l'un pour la roue droite et l'autre pour la roue gauche. Le véhicule bimoteur est équipé par un volant de direction et un accélérateur en avant. La vitesse de consigne doit fournir les références de vitesse de chaque moteur. Il doit prendre en compte un certain nombre d'informations en provenance des capteurs de vitesse de déplacement du véhicule et des mesures de l'angle de braquage du volant. A partir de ces deux informations, ce bloc calcule les vitesses de référence à imposer aux moteurs arrière. Les paramètres du véhicule électrique et du moteur de propulsion sont illustrés dans l'annexe.

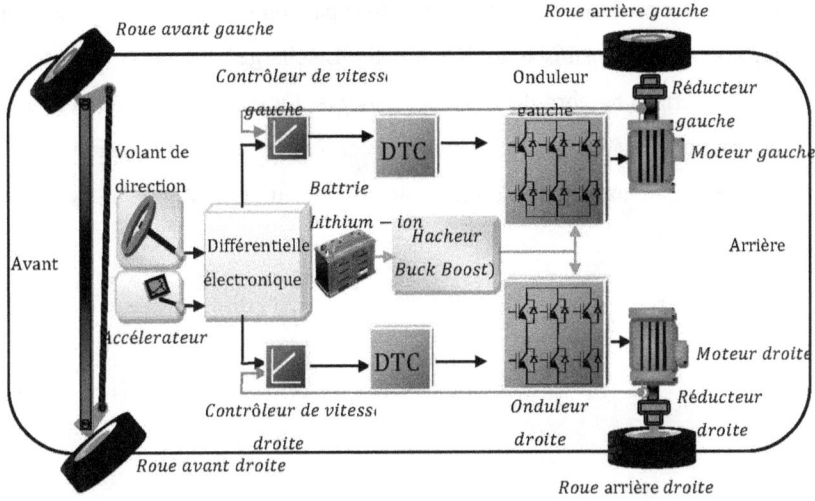

Figure 2-32 Système de propulsion utilisé [43,44,45].

2.11. Conclusion

Dans ce chapitre, nous avons présente la modélisation individuelle de chaque bloc constituant la chaine de traction électrique, les équations analytiques régissant le fonctionnement de l'ensemble, ainsi que leur mise sous forme d'état en vue de la simulation de tout l'ensemble. Le modèle de la machine asynchrone a été développe sur la base de Park, ce type d'approche est bien adapte a l'élaboration d'algorithme de commande. Etant donné que l'onduleur peut être considère comme un élément de connexion de la machine avec la source, et en se basant sur la méthode de modélisation a topologie variable, les semi-conducteurs ont été considères comme des interrupteurs parfaits. En conséquence, l'onduleur a été modélise par une matrice de connexion dont les éléments sont des variables logiques. Afin d'avoir une idée sur le comportement dynamique de la machine asynchrone, des simulations numérique ont été effectuées. Enfin, nous présente la modélisation de la partie mécanique de la chaine de traction ; le réducteur de vitesse qui assure la transmission de l'effort moteur aux roues motrices a été modélisé par son rapport de réduction, son rendement de transmission et son inertie. La charge véhicule se caractérisé par un certain nombre de couples résistants. La modélisation de la chaine de traction nous permettra de mettre en œuvre certaines commandes, d'ont l 'une est la commande directe du couple qui fera l'objet du chapitre suivant.

chapitre 3

LA COMMANDE DIRECTE DU COUPLE D'UN VEHICULE ELECTRIQUE A DEUX ROUES MOTRICE

3.1. Introduction

Pour contourner les problèmes de sensibilité aux variations paramétriques, des méthodes de contrôle ont été développées dans lesquelles le flux statorique et le couple électromagnétique sont estimés à partir des seules grandeurs électriques accessibles au stator, et ceci sans recours à des capteurs mécaniques [19, 61, 62, 64,65]].

Le contrôle direct du couple DTC « Direct Torque Control », basé sur l'orientation du flux statorique, est l'une des méthodes introduite par Depenbrock en 1987 sous la terminologie DSC « Direct Self Control ». Ce type de commande a été présenté comme une alternative à la commande vectorielle par orientation du flux rotorique, qui présente l'inconvénient majeur d'être relativement sensible aux variations des paramètres de la machine.

L'absence de boucles de contrôle des courants, de la transformation de Park et de la MLI rendent la réalisation de la commande DTC plus aisée que la commande par orientation de flux rotorique. Dans ce chapitre, on présentera le principe du contrôle direct du couple, ainsi que les résultats obtenus par simulation.

3.2. La commande directe du couple (DTC)

3.2.1. Description

3.2.2. La commande du flux et du couple par hystérésis

La (figure 3.1), Montre un moteur asynchrone triphasé alimenté par un convertisseur qui est branché à une source de tension continue U_c. L'ouverture et la fermeture des interrupteurs suivent un programme spécial. Contrairement à la méthode MLI, la fréquence de découpage, n'est pas constante, mais dépend des valeurs instantanées du couple T_M développé par le moteur et du flux φ_c du stator.

Le flux désiré φ peut avoir toute valeur comprise entre une valeur supérieure φ_{sa} et une valeur inférieure φ_{sb}. Plus la bande de tolérance est étroite, plus le flux sera contrôlé avec précision. Lorsque φ_s descend en dessous de φ_{sb}, un signal logique transmis au convertisseur indique lesquels des interrupteurs doivent changer d'état de façon à augmenter le flux.de même, lorsque φ_s passe au dessus de φ_{sb} le signal logique indique lesquels des interrupteurs doivent changer d'état de façon à baisser le flux. Enfin, lorsque φ_s se maintient à l'intérieur de la bande de tolérance, l'état momentané des interrupteurs demeure inchangé pour autant que le couple T_M possède aussi la valeur désirée. Les mêmes remarques s'appliquent au couple T_M qui doit se maintenir entre les seuils T_a et T_b voir (figure 3.1). Par exemple, lorsque le couple T_M développé par le moteur passe sous le seuil T_b, le convertisseur reçoit un signal logique pour changer l'état des interrupteurs afin d'augmenter le T_M, comme dans le cas du flux, le couple T_M oscille continuellement et rapidement entre les seuils T_a et T_b.

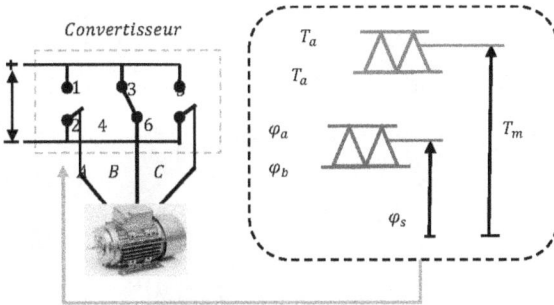

Figure 3-1 Moteur asynchrone alimenté par un onduleur de tension et sa commande

3.3. Commande de la vitesse

La commande de la vitesse se fait par l'entremise du couple T_M. Ainsi lorsque, la vitesse est plus basse que la valeur de consigne, le circuit de commande rehausse les seuils T_a, T_b. Par conséquente, le couple développé par le moteur se trouve subitement en dessous de Tb et le système réagit de façon à augmenter le couple. Donc, le moteur accélère. Lorsque la vitesse atteint la valeur désirée, le couple T_M fluctue entre les nouveaux seuils T_a, T_b. Simultanément, les interrupteurs font osciller le flux entre φ_a et φ_b.

3.4. **Principe du contrôle direct du flux**

3.4.1. **Contrôle du vecteur flux statorique**

Le contrôle direct du couple est basé sur l'orientation du flux statorique. L'expression du flux statorique dans le référentiel lié au stator de la machine est obtenue par l'équation suivante :

$$\varphi_s(t) = \int_0^{T_e} (V_s - R_s I_s)dt + \varphi_s(0) \qquad (3.1)$$

Dans le cas où on applique un vecteur de tension non nul pendant un intervalle de temps $[0, T_s]$, on aura : $V_s \gg R_s I_s$. Donc (3.1) peut s'écrire :

$$\varphi_s(t) \approx \varphi_s(0) + V_s T_s \qquad (3.2)$$

donc :

$$\Delta\varphi_s(t) \approx \varphi_s - \varphi_s(0) \qquad (3.3)$$

L'équation (2.3) implique que l'extrémité du vecteur flux statorique $\varphi_s(t)$ se déplace sur une droite dont la direction est donnée par le vecteur tension appliquée Vs comme il est illustré par la (figure 3.2) [61, 66, 67,70].

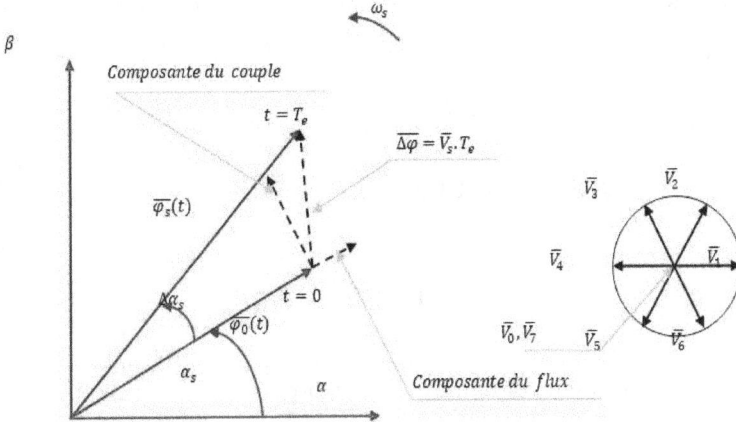

Figure 3-2 Evolution de l'extrémité de $\overrightarrow{\varphi_s}$ pour $R_s I_s$ négligeable

La "composante du flux" du vecteur tension (composante radiale) fait varier l'amplitude de φ_s et sa "composante du couple" (composante tangentielle) qui de son cote fait varier la position de φ_s [51, 52, 53,54].

En choisissant une séquence adéquate des vecteurs V_s, sur les périodes de commande T_s, il est, donc, possible de fonctionner avec un module de flux φ_s pratiquement constant, en faisant suivre à l'extrémité de φ_s une trajectoire presque circulaire, si la période T_s est très faible devant la période de rotation du flux statorique. Lorsque le vecteur tension V_s sélectionné est non nul, la direction du déplacement de l'extrémité de O est donnée par sa dérivée $d\varphi_s/dt$, Ainsi la " vitesse " de déplacement de l'extrémité de φ_s. Lorsqu'on néglige le terme $R_s I_s$, est donnée par $V_s = d\varphi_s/dt$, la vitesse de rotation de φ_s dépend fortement du choix de V_s. Elle est maximale pour un vecteur V_s perpendiculaire à la direction de φ_s et nulle ,si on applique un vecteur nul. Elle peut aussi être négative.

3.5. <u>Principes généraux du contrôle de couple</u>

3.5.1. **Modèle de la machine dédié au DTC**

Nous avons choisi de travailler dans le repère à trois axes. Ainsi dans ce repère, les équations du MI, par la transformation de Park, s'écrivent [56,57] :

$$\overline{V_s} = R_s\overline{I_s} + \frac{d\overline{\varphi_s}}{dt} \tag{3.4}$$

$$\overline{V_r} = 0 = R_s\overline{I_r} + \frac{d\overline{\varphi_r}}{dt} - j\omega\overline{\varphi_r} \tag{3.5}$$

$$\overline{\varphi_s} = L_s\overline{I_s} + M\overline{I_r} \tag{3.6}$$

$$\overline{\varphi_r} = L_r\overline{I_r} + M\overline{I_s} \tag{3.7}$$

A partir des expressions des flux, on peut écrire :

$$\overline{I_r} = \frac{1}{\sigma}\left(\frac{\overline{\varphi_r}}{L_r} - \frac{M}{L_rL_s}\overline{\varphi_s}\right) \tag{3.8}$$

Avec $\sigma = 1 - \frac{M^2}{L_rL_s}$ tant le coefficient de dispersion, d'où (II.4) devient :

$$\overline{V_s} = R_s\overline{I_s} + \frac{d\overline{\varphi_s}}{dt} \tag{3.9}$$

$$\frac{d\overline{\varphi_r}}{dt} + \left(\frac{1}{\sigma T_s} - j\omega\right)\overline{\varphi_r} = \frac{M}{L_s}\cdot\frac{1}{\sigma T_r}\overline{\varphi_s}$$

Ces relations montrent que :

On peut contrôler le vecteur φ_s à partir du vecteur V_s, aux chutes de tension R_sI_s près,

Le flux φ_r suit les variations de φ_s avec une constante de temps σT_r. Cette constante de temps détermine aussi la rapidité de variation de l'angle θ_s entre les deux flux statorique et

rotorique. φ_r s'exprime par :

$$\overline{\varphi_r} = \frac{M}{L_s}\cdot\frac{\overline{\varphi_s}}{1 + j\omega\sigma T_r} \tag{3.10}$$

Si on reporte dans l'expression du couple électromagnétique, en posant l'angle $\theta_s = (\overline{\varphi_s}, \overline{\varphi_r})$,le couple s'exprime par :

$$C_{em} = \frac{PM}{L_s L_r}(\overline{\varphi_s} \times \overline{\varphi_r}) = K\|\overline{\varphi_s}\|\|\overline{\varphi_r}\|\sin\theta_s \qquad (3.11)$$

Avec :

$\|\overline{\varphi_s}\|$: Module du vecteur flux stator,

$\|\overline{\varphi_r}\|$: Module du vecteur flux rotor, :

θ_s:Angle entre les vecteurs flux stator et flux rotor.

Le couple dépend de l'amplitude des deux vecteurs $\overline{\varphi_s}$ et $\overline{\varphi_r}$ et de leur position relative, si l'on parvient à contrôler parfaitement le flux $\overline{\varphi_s}$ (à partir de $\overline{V_s}$) en module et en position, on peut donc contrôler l'amplitude et la position relative de $\overline{\varphi_s}$ et $\overline{\varphi_r}$, donc le couple. Ceci est bien sur possible si la période de commande $\overline{\varphi_s}$ de la tension V est telle que$T_s \ll \sigma T_r$.

3.6. Choix du vecteur tension

Pour fixer l'amplitude du vecteur flux statorique, l'extrémité du vecteur flux doit dessiner une trajectoire circulaire. Pour cela, le vecteur tension appliqué doit rester toujours perpendiculaire au vecteur flux. Ainsi en sélectionnant un vecteur approprié, l'extrémité du flux peut être contrôlée et déplacée de manière à maintenir l'amplitude du vecteur flux à l'intérieur d'une certaine fourchette [55, 56, 57,58].

Le choix de V_s dépend de la variation souhaitée pour le module du flux, mais également de l'évolution souhaitée pour sa vitesse de rotation et par conséquent pour le couple. On délimite généralement l'espace d'évolution de $\overline{\varphi_s}$ dans le référentiel fixe (stator) en le décomposant en six zones symétriques par rapport aux directions des tensions non nulles.

Lorsque le vecteur flux se trouve dans la zone numérotée i, les deux vecteurs $\overline{V_i}$ et $\overline{V_{i+3}}$ ont la composante de flux la plus importante. En plus, leur effet sur le couple dépend de la position du vecteur flux dans la zone. Ainsi ils ne sont jamais appliqués. Le rôle du vecteur tension sélectionné est décrit par la figure. (II.2).

Le choix du vecteur $\overline{V_s}$ dépend :

de la position de $\overline{\varphi_s}$ dans le référentiel (S),

de la variation souhaitée pour le module $\overline{\varphi_s}$ est

de la variation souhaitée pour le couple,

du sens de rotation de $\overline{\varphi_s}$.

Lorsque flux $\overline{\varphi_s}$ se trouve dans une zone numérotée i le contrôle du flux et du couple peut être assuré en sélectionnant l'un des quatre vecteurs tension suivants :

Si $\overline{V_{i+1}}$ est sélectionné alors $\overline{\varphi_s}$ croît et C_{em} croît.

Si $\overline{V_{i-1}}$ est sélectionné alors $\overline{\varphi_s}$ croît et C_{em} décroit.

Si $\overline{V_{i+2}}$ est sélectionné alors $\overline{\varphi_s}$ décroit et C_{em} croît.

Si $\overline{V_{i-2}}$ est sélectionné alors $\overline{\varphi_s}$ décroit et C_{em} décroit.

Si $\overline{V_0}$ ou $\overline{V_7}$ sont sélectionnés alors la rotation du flux $\overline{\varphi_s}$ est arrêtée, d'ou une décroissance alors que le module du flux $\overline{\varphi_s}$ reste inchangée.

3.6.1. Les estimateurs

3.6.1.1. Estimation du flux statorique

L'estimation du flux statorique et du couple électromagnétique se fait à partir de vecteurs tension et courant statorique, l'expression du flux statorique s'écrit :

$$\overline{\varphi_s} = \int_0^{T_e} (\overline{V_s} - R_s \overline{I_s}) dt \qquad (3.12)$$

Le vecteur flux statorique est calculé à partir de ses deux composantes biphasées d'axes (α, β) tel que :

$$\varphi_{as} = \varphi_{s\alpha} + j\varphi_{s\beta} \qquad (3.13)$$

Pour calculer les composantes $i_{s\alpha}, i_{s\beta}$ du vecteur de courant statorique, nous utilisons la transformation de Concordia, à partir des courants (i_{sa}, i_{sb}, i_{sc}) mesurés, soit :

$$I_s = I_{s\alpha} + jI_{s\beta} \qquad (3.14)$$

$$\begin{cases} I_{s\alpha} = \sqrt{\dfrac{2}{3}} i_{sa} \\ I_{s\beta} = \dfrac{1}{\sqrt{2}_0}(i_{sb} - i_{cs}) \end{cases} \qquad (3.15)$$

On obtient ainsi $V_{s\alpha}, V_{s\beta}$ à partir de la tension d'entrée de l'onduleur E et des états de commande (S_a, S_b, S_c) soient:

$$\begin{cases} V_{s\alpha} = \sqrt{\dfrac{2}{3}} E(S_a - \dfrac{1}{2}(S_b + S_b)) \\ V_{s\beta} = \sqrt{\dfrac{1}{2}} U_0(S_b - S_b) \end{cases} \qquad (3.16)$$

Le module du flux statorique s'écrit :

$$\varphi_s = \sqrt{\varphi_{s\alpha}^2 + \varphi_{s\beta}^2} \qquad (3.17)$$

Le secteur S_i dans le quel se situe le vecteur $\overline{\varphi_s}$ est déterminé à partir des composantes $\varphi_{s\alpha}$ et $\varphi_{s\beta}$. L'angle θ_s entre le référentiel (S) et le vecteur $\overline{\varphi_s}$ est égal à :

$$\theta_s = \operatorname{arctg}\dfrac{\varphi_{s\beta}}{\varphi_{s\alpha}} \qquad (3.18)$$

3.6.1.2. Estimation du couple électromagnétique

On peut estimer le couple C_{em} uniquement en fonction des grandeurs statoriques (flux et courant) à partir de leurs composantes (α, β), le couple peut se mettre sous la forme :

$$C_{em} = \dfrac{3p}{2}(\varphi_{s\alpha}I_{s\beta} - \varphi_{s\beta}I_{s\alpha}) \qquad (3.19)$$

3.7. Elaboration du vecteur de commande

3.7.1. Elaboration du contrôleur de flux

Avec ce type de contrôleur, on peut facilement contrôler et piéger l'extrémité du vecteur flux dans une couronne circulaire, comme le montre la figure. (II.3). La sortie du correcteur, représentée par une variable booléenne ($Cflx$), indique directement si l'amplitude du flux doit être augmentée ($Cflx = 1$), ou diminuée ($Cflx = 0$), de façon à maintenir :

$$\left|\varphi_{sref} - \varphi_s\right| \leq \Delta\varphi_s \qquad (3.20)$$

Avec :

φ_{sref} : est le flux de référence,

$\Delta\varphi_s$: est la largeur d'hystérésis du correcteur.

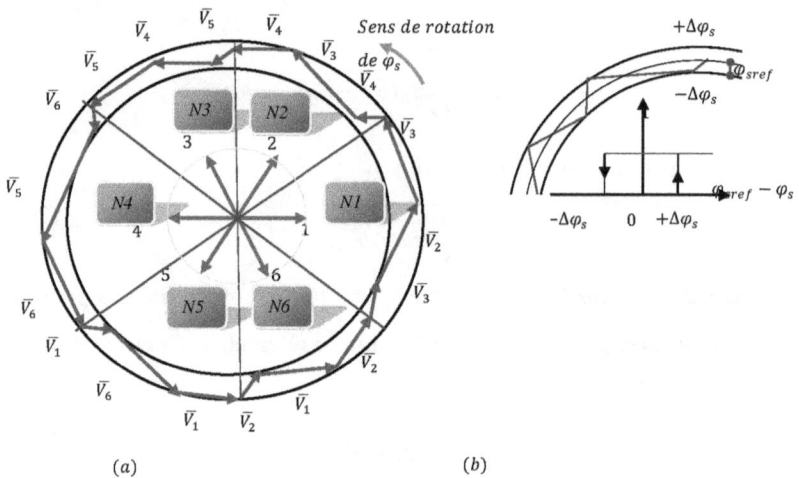

Figure 3-2(a): Sélection des tensions correspondant au contrôle du flux [61,71], (b): Contrôleur à hystérisais à deux niveaux.

3.7.2. Elaboration du contrôleur de couple

Le correcteur de couple a pour but de maintenir le couple dans les limites admissibles définies comme suit :

$$|C_{emref} - C_{em}| \leq \Delta C_{em} \qquad (3.21)$$

Avec :

$C_{em\,ref}$: est le couple de référence

ΔC_{em} : est la bande d'hystérésis du correcteur.

Deux solutions peuvent être envisagées :

un correcteur à hystérésis à deux niveaux,

un correcteur à hystérésis à trois niveaux.

3.7.3. Correcteur à deux niveaux

Le correcteur à deux niveaux est utilisé dans le cas du contrôle du couple dans un seul sens de rotation. Ainsi, seuls les vecteurs $\overline{V_{i+1}}$ et $\overline{V_{i+2}}$ et les vecteurs nuls peuvent être sélectionnés pour faire évoluer le vecteur flux. Le vecteur nul est sélectionné pour diminuer le couple. On peut choisir le vecteur tension nul de manière a ce qu'un bras d'onduleur ne commute jamais quand le flux est situé dans une zone donnée.

3.7.4. Comparateur à trois niveaux

Ce correcteur permet de contrôler le moteur dans les deux sens de rotation, soit pour un couple positif ou négatif. La sortie du correcteur, présentée par la variable booléenne $Ccpl$.

La figure. (II.4) indique directement si l'amplitude du couple doit être augmentée en valeur absolue ($Ccpl = 1$) pour une consigne positive et ($Ccpl = -1$) pour une consigne négative, ou diminuée (Ccpl=0). En effet pour diminuer la valeur du couple, on applique les vecteurs $\overline{V_{i-1}}$ ou $\overline{V_{i-2}}$ ce qui permet une décroissance du couple électromagnétique.

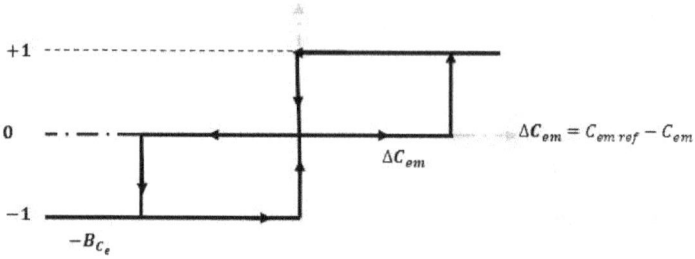

Figure 3-3Comparateur à hystérésis à trois niveaux du couple

La commande DTC, proposée par Takahashi [1], est basée sur l'algorithme suivant :

Diviser le domaine temporel en périodes de durée T_s réduites (de l'ordre de dizaines de \is),Pour chaque coup d'horloge, mesurer les courants de ligne et les tensions par phase du moteur à induction. Reconstituer les composantes du vecteur flux statorique, Estimer le couple électromagnétique, à travers l'estimation du vecteur flux statorique et la mesure des courants de lignes, Introduire l'écart AL_e, entre le couple de référence $L_{e\ ref}$ et le couple estimé L_e dans un comparateur à hystérésis à trois niveaux, qui génère à sa sortie la valeur +/ pour augmenter le couple, 0 pour le maintenir constant dans une bande. Ce choix d'augmentation du nombre de niveaux est proposé afin de minimiser la fréquence de commutation, car la dynamique du couple est généralement plus rapide que celle du flux.

Choisir l'état des interrupteurs permettant de déterminer les séquences de fonctionnement de l'onduleur en utilisant le tableau de localisation généralisé, Table. (II. 1) ou bien le tableau détaillé Table. (II.2), en se basant sur les erreurs du flux et du couple, et selon la position du vecteur flux. Le partage du plan complexe en six secteurs angulaires permet de déterminer, pour chaque secteur donné, la séquence de commande des interrupteurs de l'onduleur qui correspond aux différents états des grandeurs de contrôle suivant la logique du comportement du flux et du

111

couple vis-à-vis de l'application d'un vecteur de tension statorique[68,69,70,71].

Tableau 3-1 Table généralisée des vecteurs de tension [61].

	Augmentation	Diminution
φ_s	V_{i-1}, V_i et V_{i+1}	V_{i-2}, V_{i+2} et V_{i+3}
C_{em}	V_{i+1} et V_{i+2}	V_{i-1} et V_{i-2}

En se basant sur ce tableau généralisé, on peut établir le tableau des séquences ci-dessous pour contrôler le flux statorique et le couple électromagnétique du moteur à induction.

II.7 Elaboration de la table de commutation (stratégie de commutation)

3.7.5. Stratégie de commutation dans la DTC

L'objectif est de réaliser un contrôle performant aussi bien en régime permanent qu'en régime transitoire, et ceci par la combinaison des différentes stratégies de commutation. La sélection adéquate du vecteur tension, à chaque période d'échantillonnage, est faite pour maintenir le couple et le flux dans les limites des deux bandes à hystérésis.

En particulier la sélection est faite sur la base de l'erreur instantanée du flux φ_s et du couple électromagnétique C_{em}. Plusieurs vecteurs tensions peuvent être sélectionnés pour une combinaison donnée du flux et du couple. Le choix se fait sur la base d'une stratégie prédéfinie et chacune d'elles affecte le couple et l'ondulation du courant, les performances dynamiques et le fonctionnement à deux ou quatre quadrants.

3.7.6. Table de commutation

3.7.7. Fonctionnement à quatre quadrants

La table de commande est construite en fonction de l'état des variables *(çfh<!)* et *(ccpl)*, et de la zone N_t de la position de flux O_s. Elle se présente donc sous la forme suivante :

112

Tableau 3-2 Table de vérité de la structure de la commande par DTC [61,62,63,64]

N		1	2	3	4	5	6	Correcteur
Flux	Couple	1	2	3	4	5	6	
cflx = 1	$d_{C_e}=1$	V_2	V_3	V_4	V_5	V_6	V_1	2 niveaux
	$d_{C_e}=0$	V_7	V_0	V_7	V_0	V_7	V_0	
	$d_{C_e}=-1$	V_6	V_1	V_2	V_3	V_4	V_5	3 niveaux
cflx = 0	$d_{C_e}=1$	V_3	V_4	V_5	V_6	V_1	V_2	2 niveaux
	$d_{C_e}=0$	V_0	V_7	V_0	V_7	V_0	V_7	
	$d_{C_e}=-1$	V_5	V_6	V_1	V_2	V_3	V_4	3 niveaux

En sélectionnant l'un des vecteurs nuls, la rotation du flux statorique est arrêté et entraîne ainsi une décroissance du couple. Nous choisissons V_0 ou V_7 de manière à minimiser le nombre de commutation d'un même interrupteur de l'onduleur. II.8 Structure générale du contrôle direct de couple .La structure du contrôle direct du couple est résumée ci-dessous, figure. (3.5) et figure. (3.6).

3.8. <u>Structure générale du contrôle direct de couple (DTC).</u>

La structure du contrôle direct du couple est résumée ci-dessous, figure

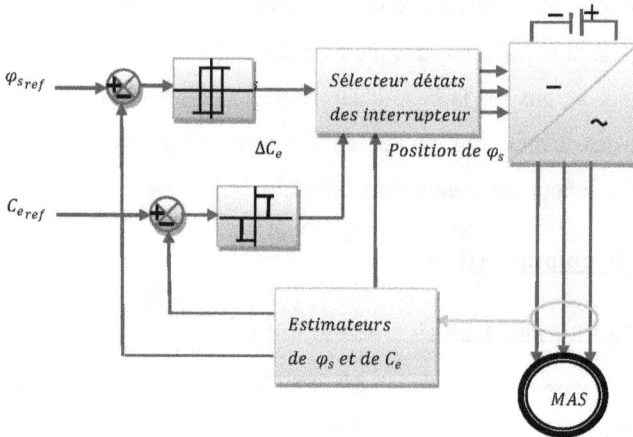

Figure 3-4 Schéma simplifiée de la commande directe de couple.

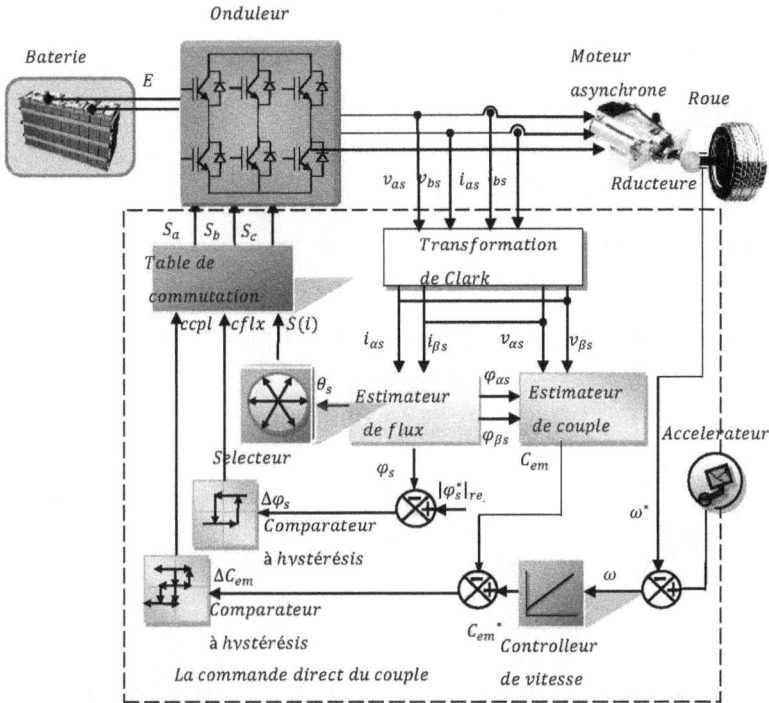

Figure 3-5 Le schéma détaillée de la commande directe du couple d'une machine asynchrone

3.9. Simulation de la commande directe du couple

3.9.1. Résultats de la simulation de la commande directe du couple (DTC) appliqué à la machine asynchrone .

Pour illustrer le comportement de la structure de commande DTC appliquée à un modèle du MAS alimenté par un onduleur de tension triphasé, en présence de la boucle de réglage de la vitesse par un correcteur PI En utilisant le schéma bloc de la figure f 3.5. Le comportement de la structure de la commande directe du couple, appliquée à une machine asynchrone de $37\,Kw$, est simulé sous l'environnement MATLAB/SIMULINK. La simulation est effectuée dans les conditions suivantes :

114

La bande d'hystérésis du comparateur du couple est fixée à 15 N.m, et celle du comparateur de flux à 0.02 Wb.

Période d'échantillonnage est $2\mu s$. Flux de référence égale 0.705 Wb

On suppose que la valeur de la résistance statorique utilisée dans le bloc de commande est égale à la résistance R_s nominale effective du moteur .Afin de tester les performances de la commande direct du couple appliqué a une machine a induction nous avons subir notre system a trois test différents :

a) Test de robustesse pour une d'emmarge a vide

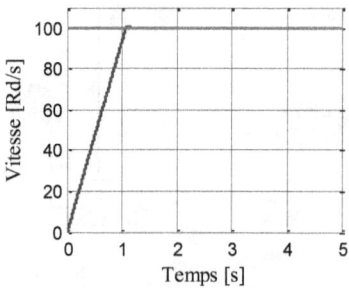

(a) Vitesse de rotation [rad/s]

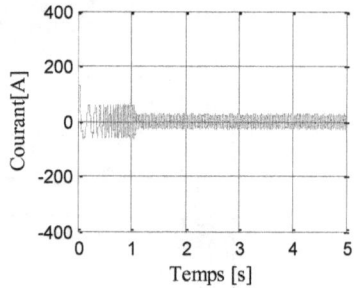

(b) Courant statorique Ia [A]

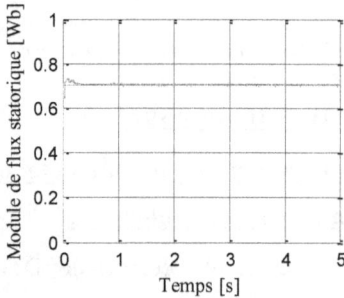

(c) Module du flux statorique [rad]

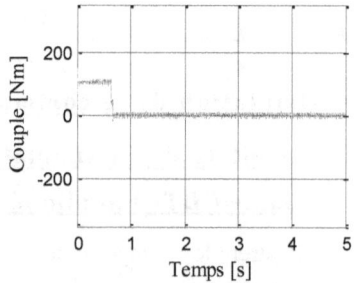

(d) Couple électromagnétique [N.m]

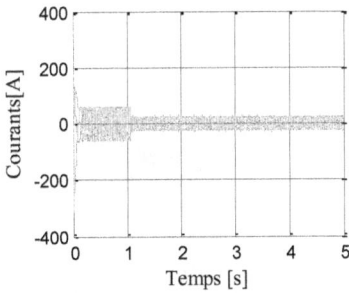

(e): Courants statoriques I_a, I_b et I_c [A]

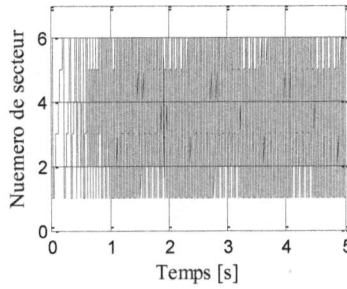

(f) : Position du flux [rad]

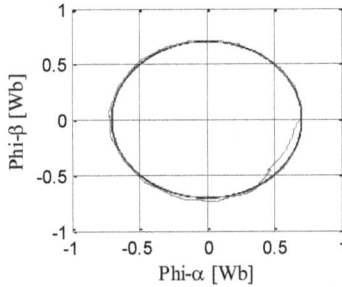

(g) : Trajectoire du flux statorique

Figure 3-6 Résultats de simulation pour démarrage à vide

La Figure 3.7 (a) présente un démarrage à vide, on constate suit la grandeur de référence $100\ rd/s$ sans dépassement au démarrage avec un temps de réponse très court car la machine est à vide et que l'inertie est faible, au démarrage, le couple électromagnétique atteint valeur maximale et se stabilise à une valeur pratiquement nulle en régime établie. Le courant statorique à une forme sinusoïdale cette amélioration se répercute sur le couple électromagnétique en atténuant la valeur crête à crête de son ondulation en régime permanent. On remarque que l'extrémité du flux statorique   figure 3.7 (g) suit une trajectoire presque circulaire en régime permanent D'après les résultats des simulations obtenus on constate :

116

b) Test de robustesse pour une variation de la charge :

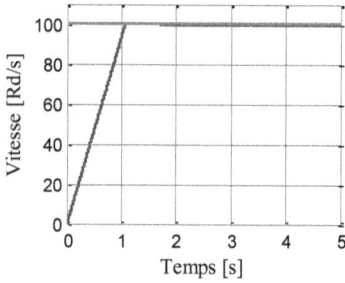

(a) Vitesse de rotation [rad/s]

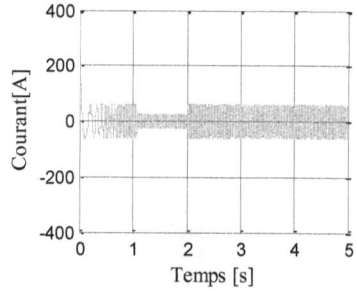

(b) Courant statorique Ia [A]

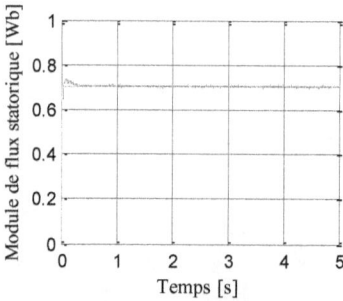

(c) Module du flux statorique [rad]

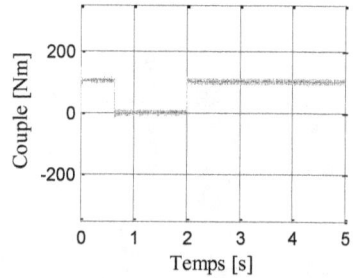

(d) Couple électromagnétique [N.m]

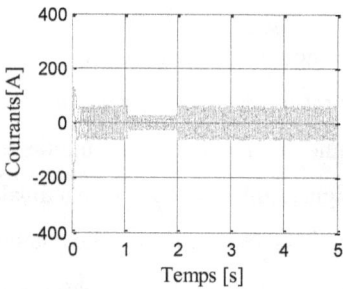

(e) Courants statoriques I_a, I_b et I_c [A]

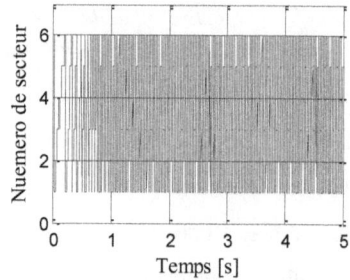

(f) Position du flux [rad]

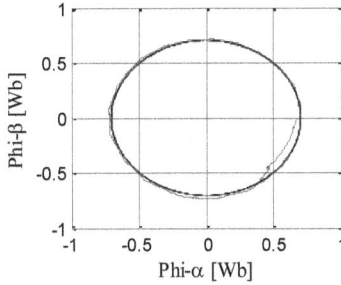

(g) Trajectoire du flux statorique

Figure 3-7 Résultats de simulation pour application de couple de charge

La Figure 3.8 présente le résultat de simulation lors de l'application d'une charge de $92.5\ N.m$ *entre l'instant* $t = 1\ s\ et\ t = 2s$. Dans ce cas de simulation, nous nous apercevons que le couple suit parfaitement la valeur de consigne avec influence négligeable sur la vitesse qui se rétablie rapidement à sa référence qui montre que la DTC présente une haute performance dynamique sans dépassement au démarrage. On remarque aussi que le flux n'est pas affecté par la variation de la charge, ainsi que Le courant de phase à une forme sinusoïdale est répond avec succès à ce type de test.

c) Test de robustesse pour l'inversion du sens de rotation de la machine

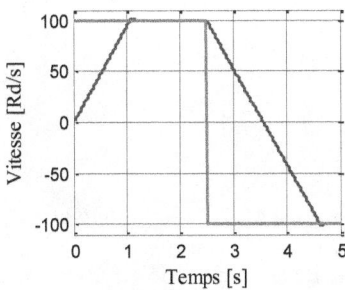

(a) Vitesse de rotation [rad/s]

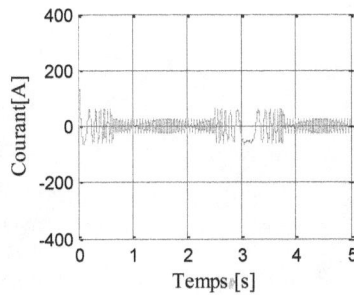

(b) Courant statorique Ia [A]

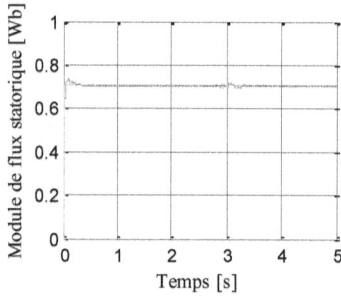

(c) Module du flux statorique [rad]

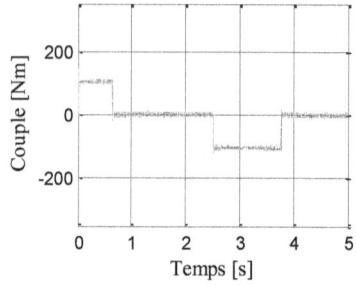

(d) Couple électromagnétique [N.m]

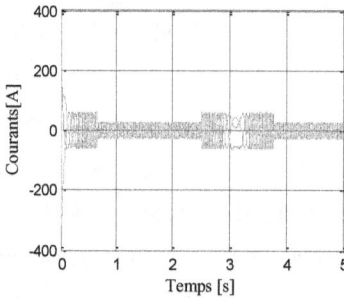

(e) Courants statorique I_a, I_b et I_c [A]

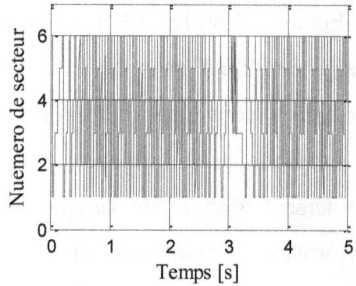

(f) Position du flux [rad]

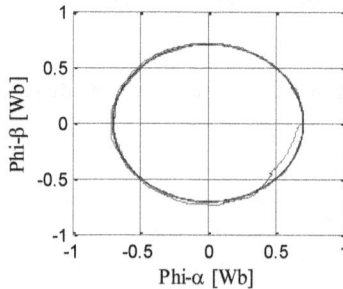

(g) Trajectoire du flux statorique

Figure 3-8 Résultats de simulation pour inversion de la vitesse $(-100Rd/$
s à $100\ Rd/s)$

Pour tester d'avantage de la robustesse de la commande vis à vis à une variation de référence de la vitesse, on introduit un changement de consigne de vitesse de $(-100\ rd/s$ à $100\ rd/s)$ à l'instant $t = 2.5s$ et $t = 3.5\ s$. Après un démarrage à vide. A l'inversion de la vitesse on peut dire que la poursuite en vitesse s'effectue normalement sans dépassement. Pour la figure 3.9 (g) montre la dynamique de flux de la machine, la trajectoire du flux statorique est pratiquement circulaire, le flux atteint sa référence de contrôle sans aucun dépassement. Dans cette simulation, nous avons présenté la structure du contrôle directe du couple (DTC), qui apparait comme un moyen efficace et simple de piloter une MAS, ainsi il apporte une solution prometteuse aux problèmes de la robustesse et présente des avantages par rapport au contrôle vectoriel classique.

On peut dire que cette stratégie de commande est insensible aux variations des paramètres de la machine, c'est-à-dire que l'estimation de flux ne dépend que la résistance du stator, de plus la présence des correcteurs à hystérésis produit des oscillations des grandeurs contrôlées (flux et couple).

La commande directe du couple présente des performances dynamiques remarquables de même qu'en bonne robustesse vis-à-vis des écarts des paramètres du moteur. Elle semble notamment bien adaptée aux applications de traction électrique

La DTC ne nécessite pas de mesure mécanique ou position. De la machine, de plus la sensibilité aux paramètres de la machine est nettement atténuée dans le cas de la DTC, puisque l'estimation du flux se fait en fonction d'un seul paramètre à savoir la résistance statorique. En outre, MLI est remplacée, dans cette commande par une simple table de commutation ce qui la rend, d'autant plus facile.

La commande DTC a pour avantage :

- La réduction du temps de réponse du couple.
- La robustesse par rapport à la variation des paramètres de la machine et de l'alimentation.
- L'imposition directe de l'amplitude des ondulations du couple et du flux.

- Elle s'adapte par nature à l'absence de capteur mécanique connecté à l'arbre moteur.

Elle présente deux problèmes majeurs :

- L'absence de maîtrise des harmonique de couple (compatibilité électromagnétique, bruit audible, variation de la qualité acoustique) [61].
- L'excitation de certains modes mécaniques résonnants (couple pulsatoires) pouvant entraîner un vieillissement précoce du système [58,59,60,61].
- La commande DTC présent un inconvénient pour les base vitesse. La variation de la résistance statorique due à l'augmentation de la température, nécessite un régulateur PI classique ou de type flou.

3.10. **Résultats de la simulation de la commande directe du couple (DTC) appliqué au véhicule électrique a deux roues motrice arrières .**

Afin d'analysé la commande directe du couple du un véhicule électrique à deux roues motrices. Nos avions subir le modèle de la figure 3.10 à plusieurs tests sèvre.

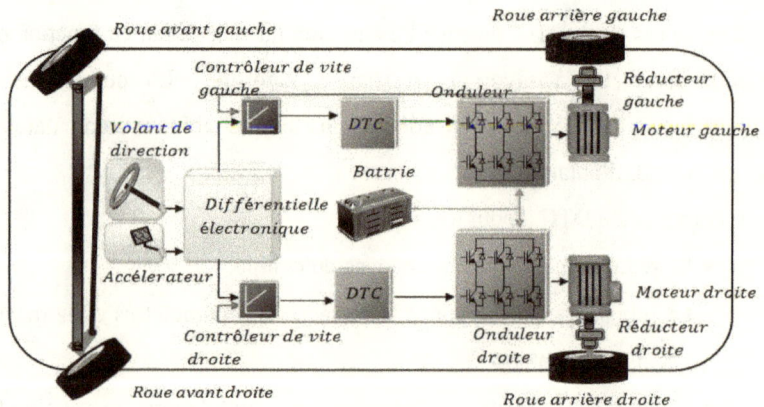

Figure 3-9 Schémas bloc de la commande directe du couple à deux roues motrices [43,44,45].

Les essais ont été effectués dans l'environnement MATLAB SIMUILNK de la société Mathwork, ils sont présentés dans les paragraphes suivants.

3.10.1. Mouvements du véhicule en ligne droite

Un véhicule qui roule en ligne droit ne subit qu'une seule force, longitudinale, appelée force d'accélération (traction) ou de décélération dans le cas de freinage, qui s'applique au centre de graphité du véhicule. C'est la résultante de toutes les forces existantes appliquées au centre de graphité qui va déterminer l'attitude du véhicule, sa performance et son équilibre.

Essai 1 : Terrain plat et vitesse de 80 km/h

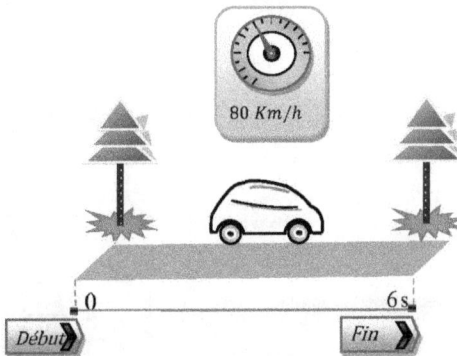

Figure 3-10 Topologie de la route pour l'essai 1.

Ce système est soumis à un échelon de vitesse de 80[km/h], dans un premier temps on suppose que les deux moteurs ne sont pas perturbés. On observe une bonne poursuite de l'échelon. Dans ce cas, les vitesses des roues motrices sont presque identiques, ces vitesses sont illustrées par la figure 3.12 (a). Puisque les vitesses des roues motrices sont identiques, donc la différence de vitesse $\Delta\omega$ est nulle en ligne droite. Les couples développés par les moteurs pour maintenir le véhicule à une vitesse stabilisée de 60 [km/h] sont illustrés par la figure 3.12 (d) et (e) . Dans la

Figure. 3.12 (f) on représente les différents couples résistants à l'avancement du véhicule sur un terrain plat.

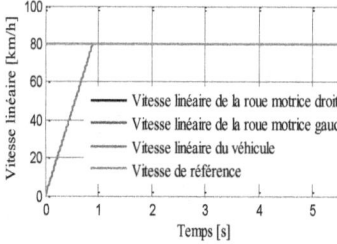

(a) Vitesse linéaire

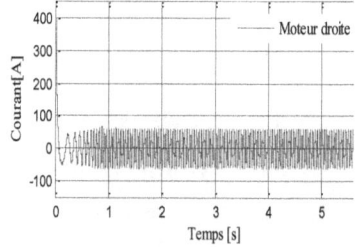

(b) Courant du moteur droit

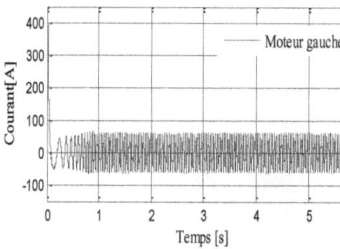

(c) : Courant du moteur gauche

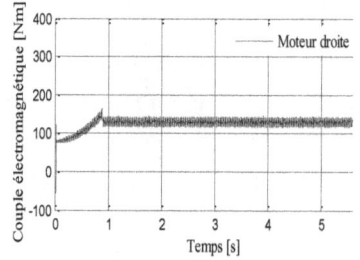

(d) Couple électromagnétique du moteur droit

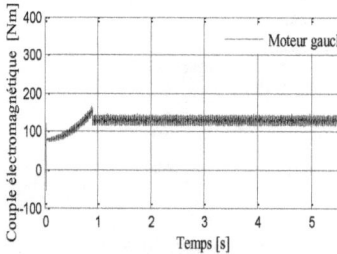

(e) Couple électromagnétique du moteur gauche

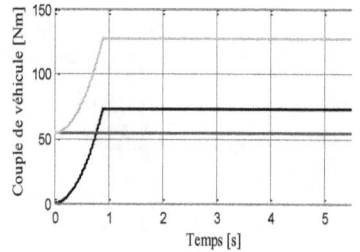

(f) Couples véhicules

Figure 3-11 Résultat de simulation pour l'essai 1.

Essai 2 : Terrain plat et échelon de vitesse.

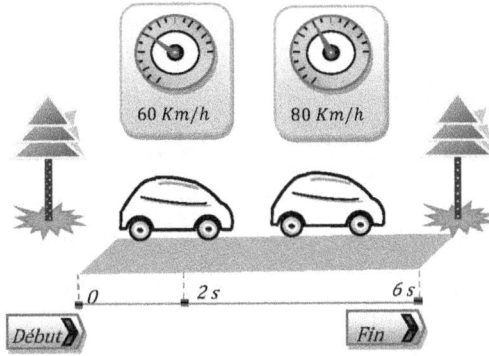

Figure 3-12   Topologie de la route pour l'essai 2.

Pour augmenter la vitesse, il faut créer des forces extérieures dans l'axe longitudinal du véhicule. Celles-ci sont également nécessaires pour vaincre les forces d'inertie. Si le pilote veut accélérer, il doit augmenter les couples fournis pas les moteurs en appuyant d'avantage sur l'accélérateur [42, 43,45].Dans cet essai, le système est soumis à un échelon de vitesse on fait rouler le véhicule à une vitesse de 60 km/h sur un terrain plat, en bon état (le vent doit être autant que possible nul), puis à une vitesse de 80 km/h à t =2 s. On observe une bonne poursuit de l'échelon de vitesse.

Les deux roues motrices tournent dans le même sens à des vitesses presque identiques. Ces vitesses sont illustrées par les figures 3.14 (a), les roues tournent dans un premier temps à 60 km/h, puis à 80 km/h après le changement de vitesse. Puisque les deux roues motrices parcourent des chemins identiques, donc la différence de vitesse est toujours maintenue nulle.

Le changement de vitesse de 60 km/h à 80 km/h se traduit par une augmentation du couple de chaque moteur à t = 2s.

Les couples résistants à l'avancement du véhicule correspondant à cet essai sont illustrés par les figures 3.14 (e). On peut constater que le couple aérodynamique n'est que l'image de la vitesse de déplacement du véhicule.

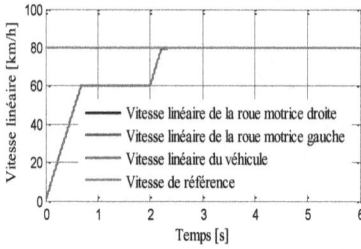

(a) Vitesse linéaire

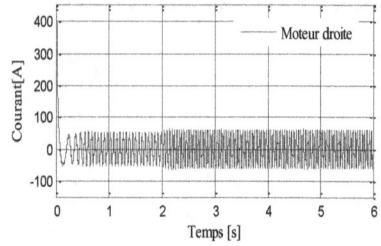

(b) : Courant du moteur droit

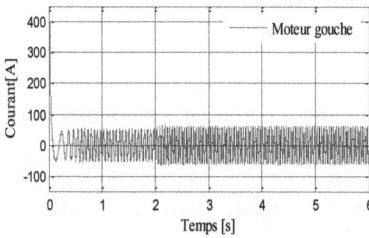

(b) : Courant du moteur gauche

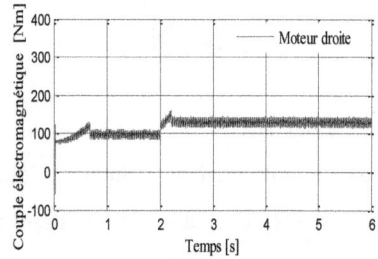

(c) Couple électromagnétique droit

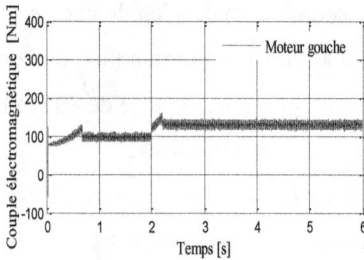

(d) Couple électromagnétique gauche

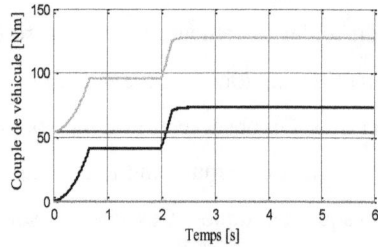

(e) Couples véhicules

Figure 3-13 Résultat de simulation pour l'essai 2.

Essai 3 : Rampe de 10% et vitesse de 80 km/h au temps 2.5s<t<4s

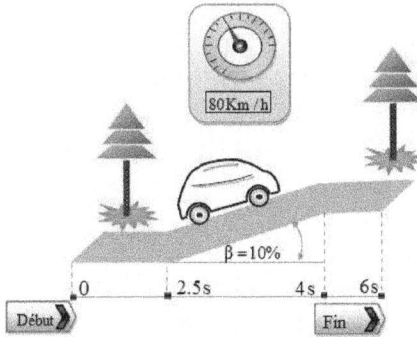

Figure 3-15   Topologie de la route pour l'essai 3.

Cet essai montre l'influence de l'inclinaison de la roue sur le mouvement du véhicule. Dans ce cas, le véhicule monte une rampe de 10% (une rampe de 10% signifie que le véhicule s'élève de 10m lorsqu'il a parcouru 100m) à la vitesse de 60 km/h à t = 0.75s. Le système est soumis à la même référence de vitesse. Seulement on suppose que les deux moteurs sont perturbés. Les vitesses de roues motrices sont toujours maîtrisées et presque identiques. L'influence de la rampe sur ces vitesses est illustrée par les figures 4.16 (a) .On observe que les erreurs de vitesse provoquées par la perturbation sont rapidement compensées. Les couples développés par les moteurs pour maintenir le véhicule à une vitesse stabilisée de 80 km/h en rampe de 10% sont illustrés par les figures 4.16 (d), (e). Sur les figures 4.16 (f),on représente les différents couples résistants à l'avancement du véhicule sur un terrain incliné (rampe).En remarque que l'appele de courant augmente à   instant $2.5s < t < 4s$, ça est du la présence de la pente ,figure 3.16 (b) et (c).Dans cette phase la batterie fournie plus d'énergie pour vaincre la pente.

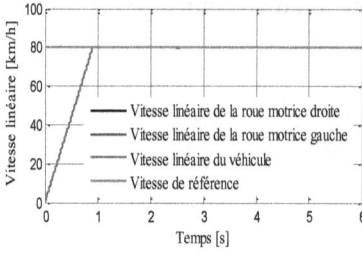

(a) Vitesse linéaire

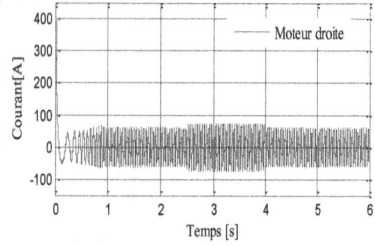

(b) Courant du moteur droit

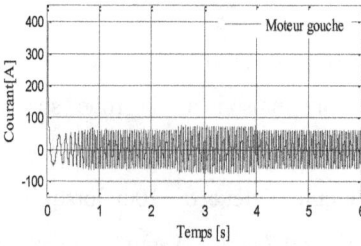

(c) : Courant du moteur gauche

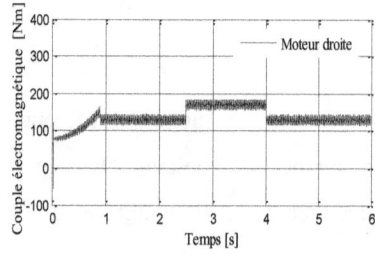

(d) Couple électromagnétique du moteur droit

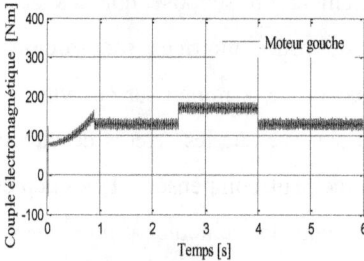

(e) Couple électromagnétique du moteur gauche

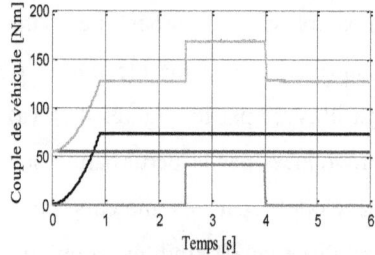

(f) Couples véhicules

Figure 3-14 Résultat de simulation pour l'essai 3.

Essai 4 : Descente de 10% et vitesse de 80 km/h au temps 2.5s<t<4s

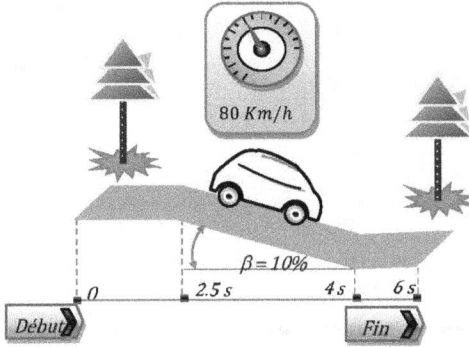

3-15 Topologie de la route pour l'essai 4.

Cet essai montre l'influence de l'inclinaison de la roue sur le mouvement du véhicule. Dans ce cas, le véhicule descende une rampe de 10% à la vitesse de 80 km/h. A l'instant $2.5s < t < 4s$. Le système est soumis à la même référence de vitesse. Seulement on suppose que les deux moteurs sont perturbés. Les vitesses de roues motrices sont toujours maîtrisées et presque identiques. L'influence de la rampe sur ces vitesses est illustrée par les figures 4.16 (a). On observe que les erreurs de vitesse provoquées par la perturbation sont rapidement compensées. Les couples développés par les moteurs pour maintenir le véhicule à une vitesse stabilisée de 80 km/h en descente de 10% sont illustrés par les figures 4.16 (d) et (e). on représente les différents couples résistants à l'avancement du véhicule sur un terrain incliné (rampe inverse) sur la figure 4.16 (f) .Cette phase s'appelle phase de récupération d'énergie.

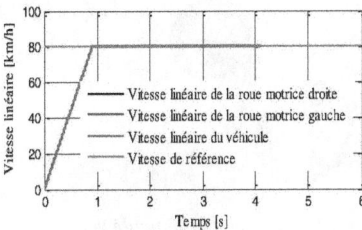

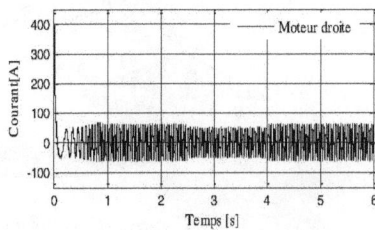

(a) Vitesse linéaire

(b) : Courant du moteur droit

(c) : Courant du moteur gauche

(d) Couple électromagnétique du moteur droit

(e) Couple électromagnétique du moteur gauche

Couple aérodynamique
Couple au roulement
Couple lié à la pente
Couple résistant total

(f) Couples véhicules

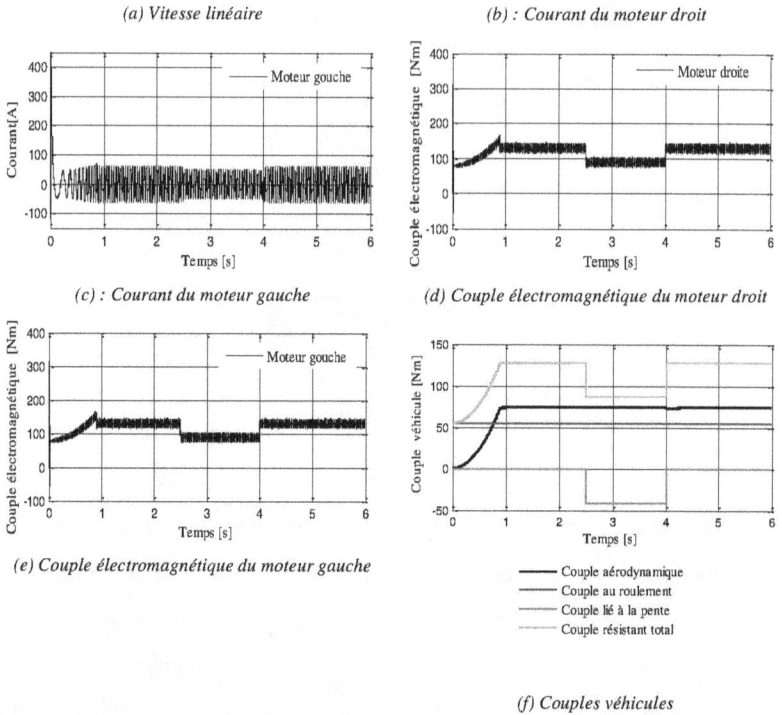

Figure 3-16 Résultat de simulation pour l'essai 4.

3.10.2. Mouvements du véhicule en virage

Un véhicule qui aborde un virage est soumis à une force centrifuge F_c (transversale par rapport au véhicule) qui doit être équilibré par des forces transversales d'adhérence$T$, qui s'opposant au dérapage latérale.

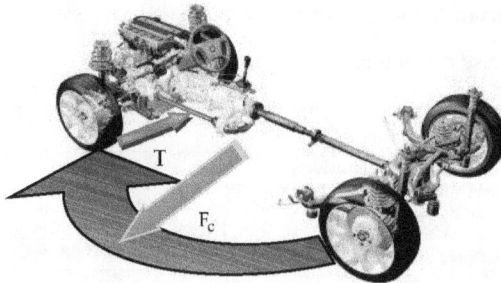

Figure 3-17 Dans un virage, le sol retient le véhicule vers
l'intérieur[50,51,52,72].

La force centrifuge, qui tend à repousser le véhicule vers l'extérieur du virage, augmente avec la vitesse de celui-ci. Pour que le véhicule reste stable, la force exercée par l'adhérence des pneus sur la route doive s'opposer, afin de la neutraliser, à la force centrifuge [29, 30,31 ,33,34,35].Le véhicule s'incline vers l'extérieur du virage mais il continu à suivre la trajectoire du virage que veut lui imposer le pilote. Lorsque le véhicule arrive au début d'un virage, le pilote donne un angle de braquage du volant qui commence par être un angle de braquage des roues directrices. Le différentiel électronique agit immédiatement sur les deux moteurs, en abaissant la vitesse de la roue motrice qui se trouve à l'intérieur du virage, et contrairement sur celle qui située à l'extérieur.

Essai 5 : mouvement en virage à gauche à vitesse de 80 km/h au temps 2.5 s<t<4s

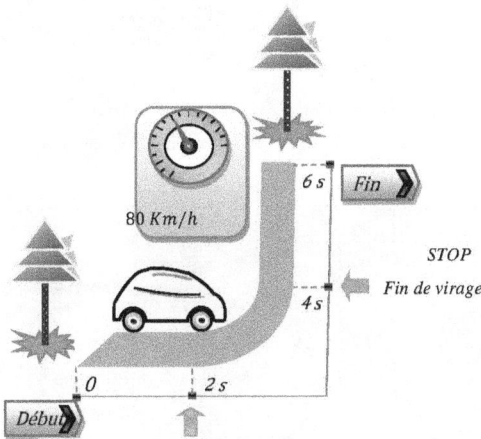

Figure 3-18 Topologie de la route pour l'essai 5.

Le véhicule s'engage dans un virage à droite avec une vitesse de 80 km/h à l'instant t=0.75 s. on suppose que les deux moteurs ne sont pas perturbés. Dans ce cas, les roues motrices parcourent des chemins différents, elles tournent dans le même sens à des vitesses différentes. La roue motrice droite tourne à une vitesse inférieure à celle gauche. Ces vitesses sont illustrées par les figures 3 .22 (a).Le différentiel électronique agit sur les deux moteurs pour maintenir le véhicule à une vitesse de référence de 80 km/h en virage. L'analyse d'un virage se fait sur deux points : l'entrée, ou la vitesse aura le plus d'importance ; le point de corde qui est la trajectoire idéale afin de passer le virage le plus efficacement possible. Sur les figures 3.22 (d) et (e), et 4.20, on représente la variation du couple de chaque moteur lors de l'engagement du véhicule en virage. Les couples résistants à l'avancement du véhicule correspondant à cet essai sont illustrés par les figures 4.19 (f), On peut constater que le couple aérodynamique n'est que l'image de la vitesse de déplacement du véhicule.

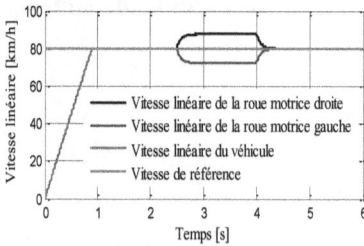

(a) Vitesse linéaire

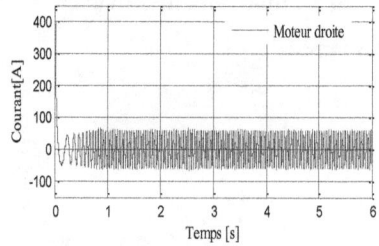

(b) Courant du moteur droite

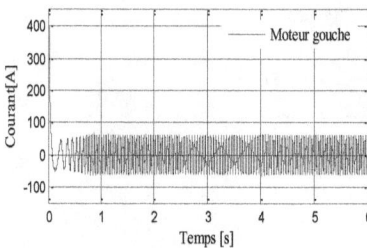

(c) Courant du moteur droite

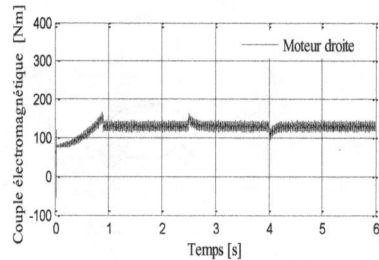

(d) Couple électromagnétique du moteur droite

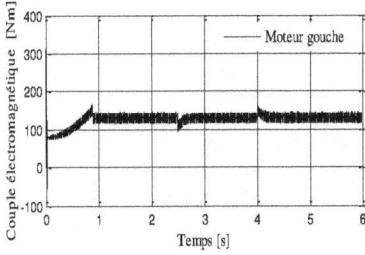

(e) Couple électromagnétique du moteur gauche

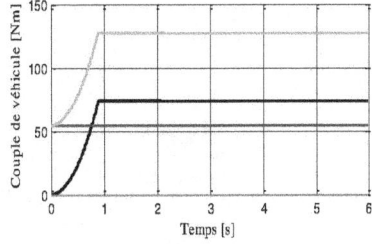

(f) Couples véhicules

Figure 3-19 Résultat de simulation pour l'essai 5.

Essai 6 : mouvement en virages à gauche enlevé de 10% à vitesse de 60 km/h.

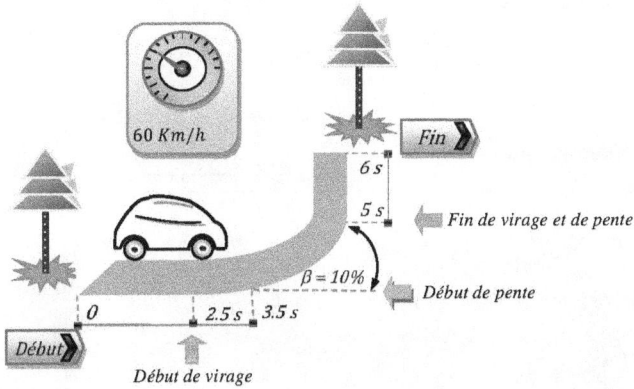

Figure 3-20 Topologie de la route pour l'essai 6.

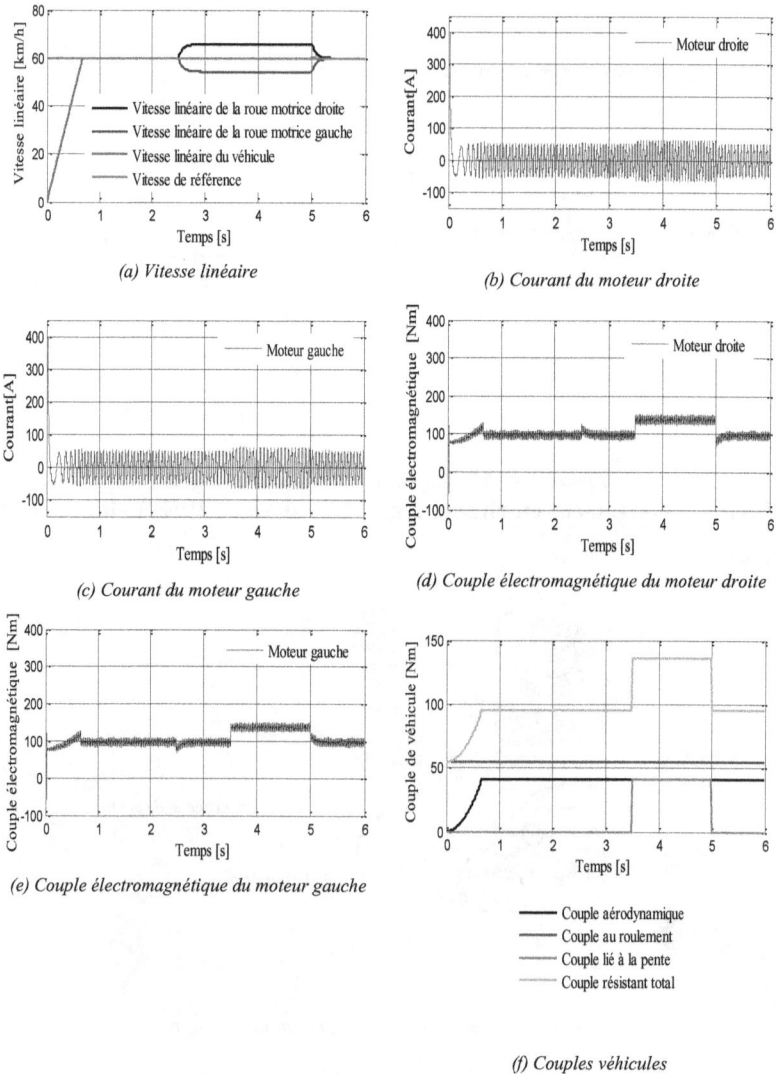

(a) Vitesse linéaire

(b) Courant du moteur droite

(c) Courant du moteur gauche

(d) Couple électromagnétique du moteur droite

(e) Couple électromagnétique du moteur gauche

(f) Couples véhicules

Figure 3-21 Résultat de simulation pour l'essai 6.

Le véhicule s'engage dans un virage à droite avec une vitesse de 60 km/h à l'instant t=2.5 s, puis elle monte une rampe de 10% à la même vitesse de 60 km/h à $t = 3.5\ s$. on suppose que les deux moteurs ne soient pas perturbés. Dans ce cas, les roues motrices parcourent des chemins

133

différents, elles tournent dans le même sens à des vitesses différentes. La roue motrice droite tourne à une vitesse inférieure à celle gauche. Ces vitesses sont illustrées par la figure 3-24 (a).Sur les figures 4-21 (d) et (e), on représente la variation du couple électromagnétique de chaque moteur lors de l'engagement du véhicule en virage à droite enlevé de 10%. Les couples résistants à l'avancement du véhicule correspondant à cet essai sont illustrés par les figures 4.24 (f).En remarque que l'appelle de courant augmente a partir de l'instant $t = 3.5\ s$ cela est représenté sur les figures 3.24 (b) et (c).

Essai 7 : effet de la pente sur véhicule électrique

Dans cet essai nous avons subir notre system de propulsion électrique à des différents pentes $\beta = 5\%$, $\beta = 10\%$ $et\ \beta = 15\%$ figure3.25 (a),(b) et (c).

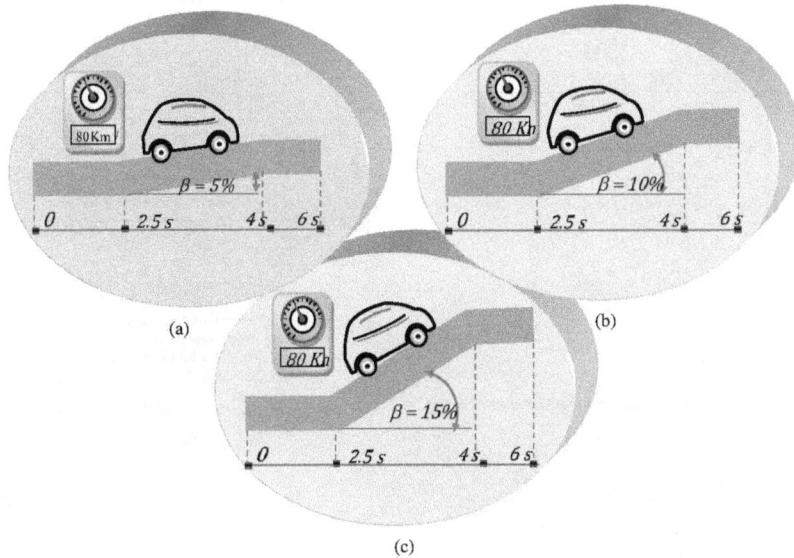

Figure 3-22 Topologie de la route pour l'essai 7.

Dans cet essai notre system multi moteurs est soumis à un échelon de vitesse de 80km/h, dans un premier temps on suppose que les deux moteurs ne sont pas perturbés. On observe une bonne poursuite de l'échelon Dans ce cas, les vitesses des roues motrices sont presque identiques, En remarque que la vitesse que la vitesse du véhicule électrique reste constante égale à 80km/h .Ces vitesses sont illustrées par la figure 3.12 (a).

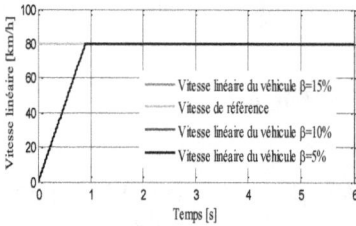

Vitesse linéaire du VE pour différents pentes

(a)

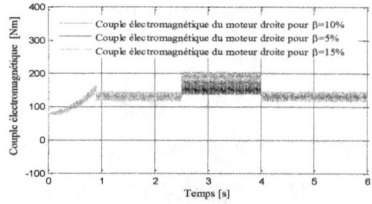

Couple électromagnétique développé par le moteur droite pour différents pentes.

(b)

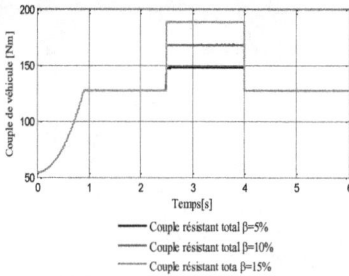

Couple aérodynamique pour différents pentes

(b)

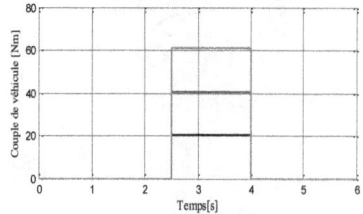

Couple de profile pour différents pentes.

(c)

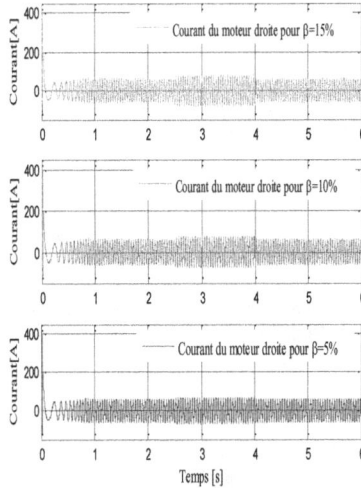

Courant appeler par le moteur droit pour différents pentes

(e)

Figure 3-23 Résultat de simulation pour l'essai 7.

D'après les figure 3-26 (a),(b), (c) et (e) en remarque que le couple électromagnétique ,le couple aérodynamique , le couple de profile et courant varie avec l'augmentation de la pentes a l'instant $2.5s < t < 4s$. Les résultats entre l'instant $2.5s < t < 4s$ sont récapitulés dans le tableau suivant.

Tableau 3-3 Valeures du le couple électromagnétique ,le couple aérodynamique , le couple de profile et courant a l'instant $2.5s < t < 4s$.

Pente	le couple électromagnétique [N.m]	le couple aérodynamique [N.m]	le couple de profile [N.m]	Courant absorbé Par le moteur droit [A]
$\beta = 5\%$	160	150	20	80
$\beta = 10\%$	180	165	40	60
$\beta = 15\%$	200	175	60	40

D'après le tableau 3.3 et la figure 3-26 en déduit une relation entre la pente β et le couple électromagnétique C_{em} :

$$C_{em} = 4\beta + 140$$

(3.21)

136

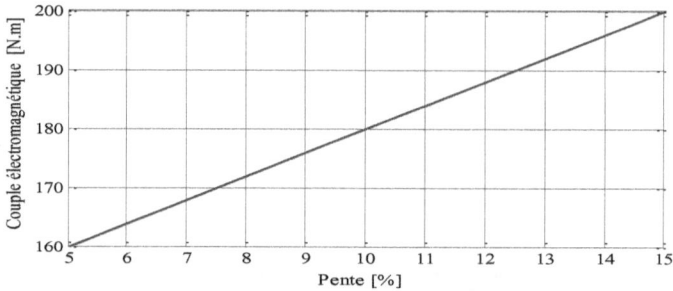

3-24 Variation du couple électromagnetique en fonction de la pente.

En ce referont à la formule 3.21 en peut déduit le tableau suivant :

Tableau 3-4 Variation de couple couple électromagnétique en fonction de la pente.

β[%]	5	10	15	20	24.5
C_{em}[N. m]	160	180	200	220	240

Pour une pente de 25 % ça corresponde à un couple électromagnétique de 240 N.m .Notre véhicule électrique est équipé de deux moteurs de traction chacun développe 338.73N.m.Cela signifier que 24.5 % est l'angle de pente maximale qu'il ne faut pas dépasser.

3.11. **Conclusion**

Dans ce chapitre, nous avons présente la structure du contrôle direct du couple (DTC) qui apparait comme un moyen efficace et simple de piloter une machine asynchrone, ainsi il apporte une solution prometteuse aux problèmes de la robustesse et présente des avantages par rapport au contrôle vectoriel classique. L'étude des principes de la structure de la commande DTC a été élaborée a partir des conditions de fonctionnements idéaux, ou l'on considère la vitesse suffisamment élevée pour négliger l'effet de la résistance statorique. L'estimation de flux ne dépend que de la résistance du stator. En outre, la fréquence de commutation est variable et difficile à maitriser du fait de l'utilisation des contrôleurs à hystérésis.

A pré avoir subir notre véhicule électrique a deux roue motrice a commandé directe de couple a plusieurs scenarios .ça nous mens de dire que la commande direct du couple s'adapter très bien avec les system de propulsion électrique.

Afin de réaliser le différentiel électronique, la structure de commande "machines indépendantes" est appliquée au système de propulsion à deux roues motrices, par une commande en couple. On voit que cette structure résout le problème de couplage mécanique. On peut remarquer qu'un différentiel idéal viserait plutôt à répartir les forces de traction. Le système différentiel électronique assure le contrôle du comportement roulier du véhicule. En effet, il permettre à chaque roue motrice de tourner à des vitesses différentes dans les virages. Les résultats de simulation obtenus montrent que les vitesses de roue motrice restent toujours contrôlées avec de bonnes performances dynamiques et statiques.

Nous avions développe une nouvelle formule entre la pente en % et le couple électromagnétique développe par le moteur .cet formule nous a permet de trouver la pente maximale qu'il ne faut pas la dépasser.

chapitre 4

STOCKAGE D'ENERGIE AU BORDE D'UN VEHICULE ELECTRIQUE

4.1. Introduction

Les générateurs électrochimiques sont des dispositifs capables de restituer sous forme électrique une énergie stockée chimiquement. On distingue usuellement la pile, pour laquelle les réactions mises en jeu sont irréversibles, de l'accumulateur qui, à l'inverse, est rechargeable. Le terme de batterie désigne quant à lui une association série et/ou parallèle de générateurs élémentaires. A noter que la terminologie anglo-saxonne regroupe sous le vocable "battery" les piles, les accumulateurs et les batteries. La distinction s'opère par un qualificatif, à savoir "primary" pour les piles, et "secondary" pour les accumulateurs.

Le premier dispositif produisant du courant électrique par conversion électrochimique fut réalisé par Volta en 1799. Il s'agissait d'une pile constituée de couches successives de zinc, de tissu humide et de cuivre. L'histoire des accumulateurs commence quant à elle en 1859, lorsque Gaston Plante, alors chercheur au CNAM à Paris, invente l'accumulateur au plomb [1]. C'est en testant cet élément, dans sa recherche de matières plus économiques que le platine, qu'il remarqua que son appareil rendait de l'électricité lorsqu'il coupait l'alimentation. C'est ce type de batterie qui permit en 1899 à une voiture électrique en forme de torpille (cf. figure 1), la "Jamais Contente", de franchir la vitesse de 100 km/h. Ce dispositif, à tension nominale de 2 V et toujours présent dans nos voitures par exemple, a fait l'objet de nombreuses améliorations. Notons en particulier les batteries étanches sans entretien communément appelées VRLA (Valve Regulated Lead Acid).

L'énergie électrique peut donc se stocker de différentes manières :

Sous forme d'énergie électrostatique, en accumulant des charges électriques dans un ou plusieurs condensateurs. L'apparition, vers 1995, de condensateurs dont la capacité peut atteindre quelques centaines de farads permet de réaliser des substituts aux batteries d'accumulateurs classiques.

Les avantages sont une diminution du poids et un fonctionnement possible par très grand froid (véhicules polaires). Avec un inconvénient de taille le prix au kWh stocké nettement plus élevé.

Sous forme d'énergie électromagnétique, en établissant un courant électrique dans un circuit bobiné autour d'un circuit magnétique, de telle sorte que l'énergie nécessaire pour mettre en mouvement les charges électriques puisse être restituée par induction. La durée de stockage de l'énergie reste faible même avec les meilleurs métaux conducteurs que sont l'argent et le cuivre en raison des pertes par effet Joule dans le circuit ; un stockage de longue durée nécessite ainsi l'utilisation de matériaux supraconducteurs. Les dispositifs ainsi réalisés sont connus sous le nom de SMES : « Superconducting Magnet Energy Storage ».

Sous forme électrochimique, qui présente la caractéristique intéressante de fournir une tension (différence de potentiel), à ses bornes peu dépendante de sa charge, (quantité d'énergie stockée) ou du courant débité. On utilise la propriété qu'ont certains couples chimiques d'accumuler une certaine quantité d'électricité en modifiant leur structure moléculaire et ceci de manière réversible.

Différents types de couples chimiques sont utilisés pour la réalisation d'accumulateurs électriques. Compte tenu des limites des techniques de stockage direct de l'électricité, le mot accumulateur désigne en électrotechnique principalement le dispositif électrochimique.

4.2. La pile à combustible

4.2.1. Introduction

Comme une définition La pile à combustible convertit directement l'énergie chimique d'un combustible en énergie électrique. Pouvant être alimentée en continu, elle n'a ni besoin d'être changée (comme une pile) ni besoin d'être rechargée (comme un accumulateur). C'est un candidat idéal pour alimenter les moteurs des futures voitures électriques.

Ce premier chapitre présente un bref historique ; les technologies et les principaux domaines d'application de la pile à combustible .

4.2.2. Historique

4.2.2.1. La découverte de la pile à hydrogène

En 1806, Sir Humphry Davy réalisait l'électrolyse de Léau distillée et obtenait de l'hydrogène et de l'oxygène en consommant de l'électricité. Cependant, c'est Christian Friedrich Schoenbein le premier qui, en 1838, observe le principe des piles à combustible. Dans son expérience, il utilise un tube en U avec deux électrodes de platine. Grâce à un courant électrique, il parvient à obtenir de l'hydrogène et de l'oxygène. En coupant l'alimentation, il constate que les gaz produisent un courant électrique en sens inverse du premier.

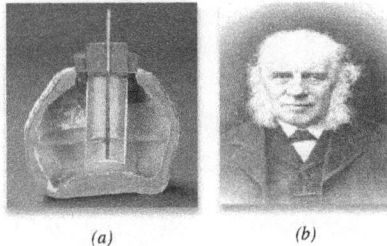

(a)   (b)

Figure 4-1 (a) Pile de Bagdad (200 avant JC.),(b) William Grove
William Robert Grove a rencontré Schoenbein lors d'une conférence à Birmingham en 1839. Les deux hommes sympathisèrent et se mirent au

courant de leurs recherches. En 1839, Grove réalise sa célèbre expérience avec une pile à combustible : il s'agissait d'une cellule hydrogène-oxygène avec des électrodes en platine et de l'acide sulfurique utilisé comme électrolyte. Il est également le concepteur d'un électrolyseur de 50 cellules pouvant produire de l'oxygène et d'hydrogène à partir d'un courant électrique.

4.2.3. Principe de fonctionnement

Une pile à combustible est un assemblage de cellule élémentaires, en nombre suffisant pour assurer la production électrochimique d'électricité dans les conditions de tension et courant souhaitées .Chaque cellule élémentaire est constituée de deux compartiments disjoints alimentés chacun par les gaz réactifs. Les deux électrodes, ainsi que l'électrolyte, complètent le dispositif. L'électrolyte peut être solide ou liquide ; celui-ci a pour fonction d'assurer le transport des ions d'un compartiment à l'autre. Certains électrolytes ne sont efficaces qu'à hautes températures, et nécessitent donc un préchauffage externe avant toute production électrique. De façon générale, le fonctionnement électrochimique d'une cellule unitaire de pile à combustible peut se schématiser sous la forme donnée ci-dessous.

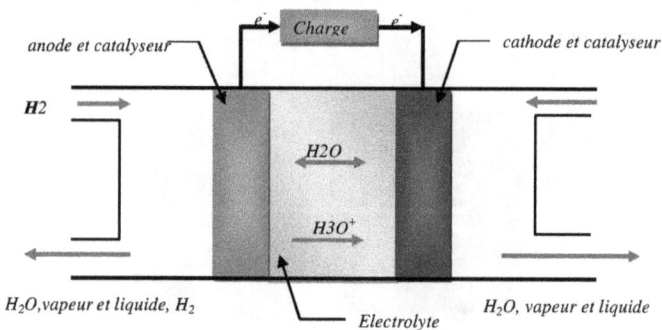

Figure 4-2 Principe de fonctionnement d'une cellule d'une PAC H_2/O_2 en milieu acide [74].

Pour les piles de haut rendement fonctionnant à basse température, le combustible le plus employé est l'hydrogène sous forme gazeuse. Suivant la nature de l'électrolyte, acide ou basique, l'eau formée suite à l'oxydation de l'hydrogène est produite à l'anode ou à la cathode.

4.2.4. Les différents types de piles à combustibles

Les piles à combustible sont habituellement classées selon la nature de l'électrolyte, qui détermine, entre autres, la température de fonctionnement optimale. On peut distinguer dans un premier temps, les piles alcalines des piles à électrolyte acide.

- Les piles alcalines (AFC pour Alkaline Fuel Cell) sont basées sur l'usage d'un seul électrolyte, tandis que les piles à électrolyte acide représentent une gamme beaucoup plus variée. On distingue :
- les piles à haute température (>500°C), avec pour électrolyte du carbonate fondu (MCFC pour Molten Carbonate Fuel Cell) ou des oxydes solides (SOFC pour Solid Oxyde Fuel Cell) ;
- les piles à basse température (<200°C), avec pour électrolyte des membranes polymères (PEMFC pour Proton Exchange Membrane Fuel Cell) ou de l'acide phosphorique (PAFC pour Phosphoric Acid Fuel Cell). On peut encore citer, en guise de conclusion, un troisième type de piles acides à basse température : les piles à méthanol à combustion directe (DMFC pour Direct Methanol...) qui permettent de se passer du réformeur externe avec un électrolyte constitué d'acide sulfurique, et évitent tout stockage d'hydrogène.

4.2.5. Pile a combustible PEM

4.2.5.1. Principe de fonctionnement

Le principe de fonctionnement d'une PAC PEM correspond au principe inverse de l'électrolyse de l'eau [72,73,74] Ainsi, là où l'électrolyse de l'eau la dissocie en ses éléments constitutifs: hydrogène et oxygène, la PAC les réunit de manière électrochimique pour produire de l'électricité, rejetant de ce fait de l'eau.

Une cellule de PAC comporte deux électrodes (Figure 4.3). L'électrode négative est le siège de la rédaction d'oxydation du carburant, généralement l'hydrogène .Du côté de l'électrode positive a lieu la réaction de réduction du comburant, généralement l'oxygène de l'air (I. 3). Les faces des électrodes sont recouvertes par un catalyseur à base de platine qui favorise les réactions d'oxydo-réduction. Les deux électrodes sont séparées par un électrolyte la membrane. Les protons d'hydrogène circulent de l'anode à la cathode à travers elle. Comme les électrons ne peuvent traverser cette membrane, ils circulent (sous la forme d'un courant électrique) par un circuit externe pour atteindre la cathode et produisent ainsi de l'électricité. La cathode est alimentée en oxygène, qui se combine ensuite avec les protons pour former de l'eau [73,74,75]

L'ensemble électrode négative − électrolyte − électrode positive constitue le cœur de pile. L'alimentation de celui-ci en réactifs se fait par l'intermédiaire de plaques distributrices. Le carburant et le comburant sont fournis à la pile dans des conditions de pression, température, hygrométrie et pureté définies, de façon continue pour assurer la production du courant.

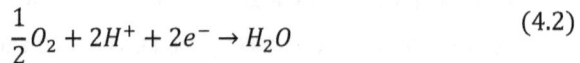

$$H_2 \rightarrow 2H^+ + 2e^- \tag{4.1}$$

$$\frac{1}{2}O_2 + 2H^+ + 2e^- \rightarrow H_2O \tag{4.2}$$

La tension thermodynamique d'une telle cellule électrochimique est de 1,23V (si l'on considère que l'eau produite par la réaction est obtenue sous forme liquide et que par conséquent, on utilise la valeur du Pouvoir de Combustion Supérieur − PCS ; « higher heating value − HHV » pour calculer la tension). Toutefois, en pratique, la pile présente une différence de potentiel de l'ordre de 0,6V pour des densités de courant de 0,6 à 0,8A/cm². Le rendement de tension d'une telle cellule (donné par la relation : tension de cellule / 1.23) est donc d'environ 50%, l'énergie perdue est bien évidement dissipée sous forme de chaleur. Celle-ci peut éventuellement être réutilisée, en partie du moins dans des systèmes de cogénération ou sur des générateurs équipés de dispositifs à recirculation de l'humidité.

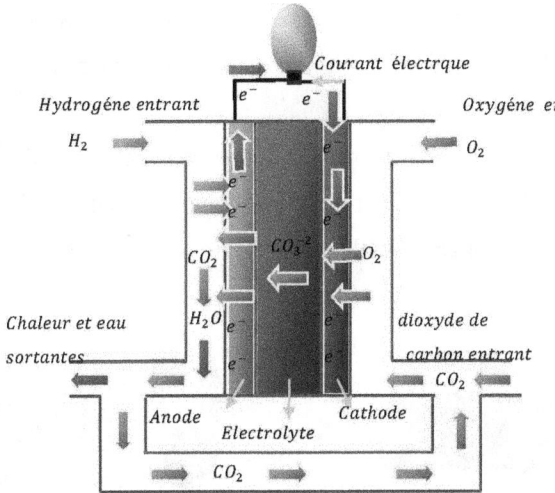

4-3 Pile a combustible PEM [74]

4.2.6. système pile a combustible embarque

Le système ou générateur pile a combustible se compose donc de la pile et de composants auxiliaires destinés à la faire fonctionner. La figure ci-dessous fait apparaître un exemple de schéma relatif à un système Pile à Combustible embarqué.

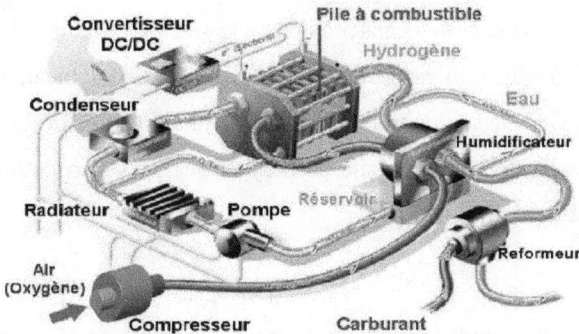

Figure 4-4 Schéma illustrant les différents éléments d'un système pile à combustible.

Les auxiliaires assurent notamment l'approvisionnement des réactifs, leur conditionnement, l'évacuation des produits et de la chaleur, la conversion et l'exploitation de l'énergie électrique. Il est ainsi possible de décomposer le système PàC en plusieurs sous-systèmes assurant ces fonctions de base au sein d'un véhicule.

Exemple 1 : le FCX-Concept figure 4.5 dispose d'un moteur électrique de 80 kW à l'avant et de deux moteurs-roues de 25 kW chacun à l'arrière, soit une puissance totale de 130 kW(environ 177 ch).

(e)   *(f)*

Figure 4-4 FCX-Concept de Honda

4.2.7. Supercondensateurs

Le concept de supercondensateur provient de la nécessite de disposer d'une source de puissance électrique performante en terme de dynamique mais néanmoins capable d'accumuler une quantité d'énergie non négligeable .En pratique, cela revient _a concevoir un stockage de type capacitif présentant une capacité de stockage élevée (dans l'idéal plusieurs centaines voire milliers de farads). Globalement, l'augmentation de cette capacité C peut suivre trois voies : une modification de la surface des électrodes S, de la permittivité du diélectrique , les séparant ou encore de leur distance d (4.3).

$$C = \varepsilon \frac{S}{d} \qquad (4.3)$$

Les supercondensateurs exploitent le principe de la capacité double couche. Cette technique permet une forte réduction de la distance inter électrodes (quelques angströms) grâce à l'insertion d'un électrolyte entre les deux électrodes recouvertes par un diélectrique .De plus, 30 emploi de charbons actifs (possédant une surface active tries importante) dans les matériaux d'électrodes permet encore d'augmenter le terme capacitif (Figure. 4.5).

Malheureusement, l'utilisation d'un électrolyte entraine certes une augmentation impressionnante des capacités (jusqu'_a plusieurs milliers de farads) mais au prix d'une réduction drastique des tensions de services. En effet, celles-ci seront limitées à 1V pour un électrolyte aqueux et 2 ; 85V pour un électrolyte organique.

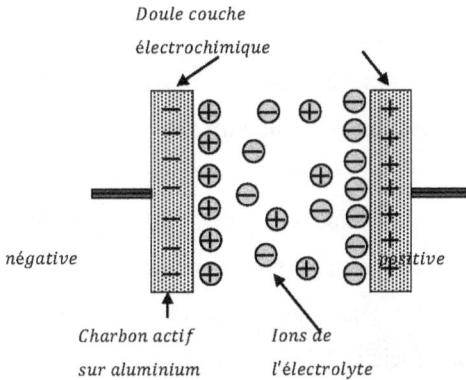

Figure 4-5 Schéma de principe d'un supercondensateur

Afin de s'affranchir de leur tension réduite, les supercondensateurs sont le plus souvent réunis au sein de modules. Leur connexion en série permet une sommation de leurs tensions respectives. Une connexion en parallèle permet une augmentation des courants de charge et décharge admissibles. Cependant, la création de tels modules induit des déséquilibres de tensions entre les cellules constitutives. Ce phénomène, du principalement à des disparités entre les caractéristiques de chaque supercondensateur, entraine des sollicitations variables d'un élément à l'autre et, par voie de cause à effet, un vieillissement prématuré de certains d'entre eux voire une dégradation en cascade de l'ensemble du module.

Pour pallier ce problème, des circuits d'équilibrage actifs ou passifs sont mis en place. Un circuit passif, à base de résistances, s'avère peu couteux mais présente l'inconvénient d'augmenter les résistances de fuite du module. Un circuit actif est nettement plus performant mais son coût peut égaler celui de l'élément auquel il est associe.

4.3. Les batterie accumulateurs

4.3.1. Un élément de stockage d'énergie électrochimique

La batterie est un élément de stockage d'énergie électrochimique, pouvant fonctionner de manière réversible. L'ensemble des technologies repose sur ce même principe de fonctionnement bien que les mécanismes réactionnels peuvent être différents. Apres avoir détaillé ce principe, on précise le fonctionnement des batteries constituées de nickel métal hydrure (NiMH) et de celles constituées de lithium-ion (Li-ion). Par la suite, on définit, de manière générale, les grandeurs caractéristiques des batteries. Ceci permet de préciser les indices d'état de la batterie ; indices utilisables par le système de gestion de la batterie dans un véhicule.

Energie stockée : L'énergie stockée se mesure usuellement en Wh (wattheure) mais l'unité officielle (SI) est le Joule.

$$1Wh = 3600 J \quad 1 \, Wh = 3.6 \, KJ$$
$$1J = 0.279 \, mWh$$

Le rapport entre les deux est la tension (à supposer qu'elle soit stable) par la formule :(Valable uniquement en courant continu). En pratique inutile car la tension est variable (elle diminue proportionnellement à la charge), il faut juste retenir qu'une valeur Ah n'est pas comparable d'un voltage nominal à l'autre.

4.4. Batterie d'accumulateurs

4.4.1. Principe de fonctionnement d'une batterie accumulateurs

Le principe d'un élément de stockage d'énergie électrochimique repose sur l'exploitation de deux couples oxydo-réducteur, Ox_1/Rd_1 et Ox_2/Rd_2, se déroulant à deux électrodes différentes. Les potentiels d'équilibre des deux couples sont tels que $E_{eq,1} >/E_{eq,1}$ Lorsque l'on relie les électrodes par un conducteur métallique, des électrons circulent de l'électrode négative vers l'électrode positive1. En partant de l'électrode négative, le manque d'électrons crée une réaction d'oxydation. De même, en arrivant sur l'électrode positive, les électrons vont produire une réduction à l'interface électrochimique. La figure 4.5 représente le principe de fonctionnement d'une batterie en décharge [75,76,77].

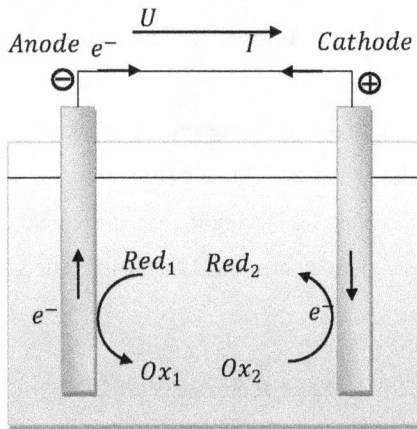

Figure 4-6 Représentation schématique d'une batterie en décharge.

Les générateurs électrochimiques rechargeables, communément appelés batteries ou accumulateurs, sont des dispositifs dont les systèmes redox sont réversibles. Deux cas sont donc à dissocier selon que le système électrochimique fournit ou récupère de l'électricité. Les potentiels des électrodes sont influencés par le courant qui les traverse dus aux transferts de charge et aux phénomènes de transport. En considérant la cinétique de réaction au niveau des électrodes en régime stationnaire autour d'un état d'équilibre thermodynamique, il est possible d'estimer la tension de la batterie en décharge et en charge .Dans le cas de la décharge plus le courant est important, plus la tension aux bornes de la batterie ne diminue. On remarque que, dans cet exemple et dans le cas général, le comportement de la tension est non linéaire en fonction du courant. Il est possible de déduire aussi la courbe de puissance disponible en fonction du courant. Cette courbe présente un maximum pour les forts courants correspondant à la puissance maximale que peut fournir le système. Si l'on impose un courant plus élevé, la tension diminue fortement et les pertes dans la batterie deviennent prépondérantes. Il est alors possible de déclencher une réaction secondaire indésirable.

En règle générale, une technologie de batterie est définie par le couple des matériaux d'électrodes. Au besoin, le type d'électrolyte peut également être précise.

Plusieurs technologies de batteries se dégagent pour une utilisation dans le domaine des transports (leurs performances sont récapitulées dans le tableau 2.1). Toutes les technologies présentées ici ont déjà être employées par des constructeurs dans la réalisation de véhicules électriques ou hybrides.

4.4.2. Les différents types d'accumulateurs

4.4.3. Introduction

De nombreux types d'accumulateurs électrochimiques existent (Pb, CdNi, NiZn,…), toutefois un des plus anciens et des plus couramment utilisés dans l'automobile est l'accumulateur au plomb. Celui-ci subit des perfectionnements constants pour améliorer ses performances en vue de l'utilisation la mieux adaptée au photovoltaïque. Les batteries nécessaires aux voitures électriques mais également aux voitures hybrides ont suivi une évolution technologique continue et les progrès sont importants ; malheureusement actuellement, aucune solution n'est entièrement satisfaisante. Certaines de ces batteries sont d'un usage commun avec d'autres secteurs comme l'éolien ou le solaire. Les recherches et découvertes en cours sont très prometteuses, au point que certains fabricants de batteries promettent une autonomie des voitures électriques de 800 km pour la décennie, grâce à la batterie lithium air.

4.4.4. Batterie Acide-Plomb

Les deux électrodes sont constituées de plomb ; dioxyde de plomb à la cathode, plomb métal à l'anode. L'électrolyte est composté d'une solution aqueuse d'acide sulfurique. Cette technologie est classiquement utilisée dans les véhicules conventionnels, notamment en raison d'un courant de décharge élevée. Ce dernier permettant de répondre aux appels du dispositif de démarrage du moteur thermique. Du fait de son emploi généralise, la technologie est mature et d'importantes économies d'échelles sont réalisées. Un autre avantage de la batterie au plomb réside en un nombre de cycles importants. En revanche, l'idée de l'emploi de cette solution technique est contrarie par une faible densité énergétique, une grande dépendance _a la température en terme de puissance et d'énergie spécifique (baisse de performances en dessous de10 °C). (-40 °C à $+85$ °C)

4.4.5. Batterie Nickel-Cadmium (Ni-Cd)

L'électrode positive est à base de nickel et l'électrode négative à base de cadmium. L'électrolyte est quand à elle constituée d'une solution d'hydroxyde de potassium contenant de l'hydroxyde de lithium. Cette technologie se démarque par une puissance spécifique des plus élevées et une cyclabilité importante. D'autre part, sa tenue en température autorise une utilisation sur une grande plage thermique ($-40\ °C$ à $+85\ °C$).Cette caractéristique constitue un avantage indéniable dans le cadre d'une application transport. Cependant, cette technologie soufre d'un coût élève, d'une tension de cellule relativement faible et d'un impact environnemental important. De surcroit, le conditionnement du module doit présenter une habilite irréprochable en raison de la haute cancérogénicité du cadmium. Ces aspects ont entrainé l'adoption d'une directive européenne (2002/95/CE) limitant leur utilisation à un usage professionnel.

Figure 4-7 Cellule Ni-Cd

4.5. Les accumulateurs Nickel Métal Hydride

4.5.1. Histoire

Les batteries d'accumulateur NiMH sont des accumulateurs nés vers 1970 et commercialisés vers 1989. Leurs applications principales sont des applications nécessitant des courants forts, voire très forts, des temps de recharge très courts. (Au départ usage sur des véhicules électriques) Leur capacité est deux à trois fois supérieure à celle des Ni-Cd.

L'intérêt des batteries NiMH réside dans le fait qu'elles ont la possibilité d'accepter de forts courants de décharge et de charge et de mieux supporter les surcharges et les sous-charges. De plus en comparaison à la technologie plomb et nickel-cadmium, elles possèdent une densité énergétique plus importante.

153

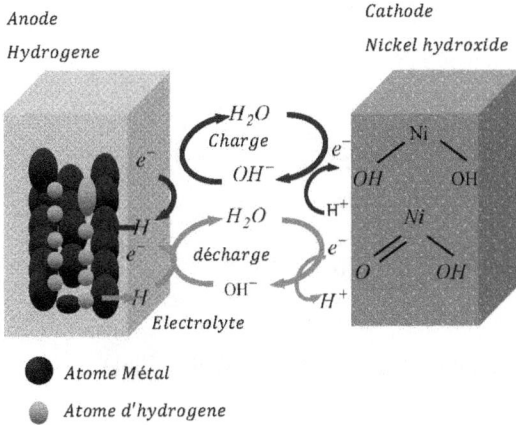

Figure 4-8 diagramme du batterie nickel-métal hydride.

La réaction chimique de la charge et la décharge de la batterie nickel-métal hydride est décrite dans la formule si dessous.

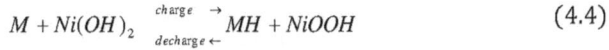

$$M + Ni(OH)_2 \underset{décharge \leftarrow}{\overset{charge \rightarrow}{\rightleftharpoons}} MH + NiOOH \tag{4.4}$$

Figure 4.13 illustre les *caractéristiques de courant nominal de décharge pour la* batterie Ni-MH, utilisé dans la simulation numérique.

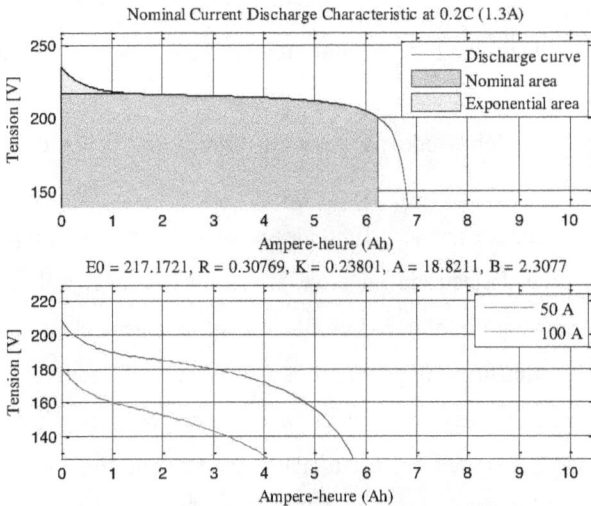

Figure 4-9 Caractéristique de courant nominal de décharge pour la battrie Ni-MH

4.5.2. Les avantages du NiMH

Contient beaucoup plus d'énergie que le Nickel-cadmium

Peu sensible à l'effet mémoire

Simple à stocker et transporter

Ne contient pas de cadmium

4.5.3. Les Inconvénients du NiMH :

Ne supporte pas le dépassement de charge

Détection de fin de charge difficile (Δv très faible)

Durée de vie plus faible que le Nickel-cadmium en nombre de cycle

4.6. Lithium-ion L'accumulateur lithium-ion

4.6.1. Historique

La filière Lithium a fait l'objet de travaux vers la fin des années 1970, dans la perspective de trouver des « couples électrochimiques » présentant de meilleures performances que les accumulateurs au plomb ou au nickel cadmium employés jusque-là. Les premiers modèles ont été conçus avec une électrode négative à base de lithium métallique (filière lithium-métal). Cette technologie s'est heurtée à des problèmes liés à une mauvaise reconstitution de l'électrode négative de lithium au cours des charges successives.

Vers le début des années 1980, des recherches ont été entreprises sur un nouveau type d'électrode négative à base de carbone, utilisé comme composé d'insertion du lithium. Les fabricants d'équipements portables, en particulier les industriels japonais, ont considéré cette source d'énergie comme faisant partie des composants stratégiques pour l'avenir. Au début des années 1990, ces premiers accumulateurs « Lithium-ion » offraient des performances limitées à environ 90 Wh/kg. Depuis, celles-ci se sont notablement améliorées (jusqu'à 200 Wh/kg aujourd'hui), grâce, d'une part, aux progrès technologiques réalisés (diminution de la part inutile dans le poids et le volume des accumulateurs) et, d'autre part, à l'optimisation des performances des matériaux. De tous les systèmes de stockage d'énergie rechargeables, les accumulateurs Li-ion sont aujourd'hui ceux qui offrent les meilleures performances : 400 à 550 Wh/L et 140 à 200 Wh/kg pour une tension nominale d'environ 3,7 V, et dans une gamme de température de fonctionnement étendue (- 20 à + 65 °C).

4.6.2. Introduction

Une batterie lithium-ion, ou accumulateur lithium-ion est un type d'lithium. Ses principaux avantages sont une énergie massique élevée (deux à cinq fois plus que le NiMH par exemple) ainsi que l'absence d'effet mémoire. Enfin, l'autodécharge est relativement faible par rapport à d'autres accumulateurs. Cependant le coût reste important et cantonne le lithium aux systèmes de petite taille.

4.6.3. Histoire

Commercialisée pour la première fois par « Sony Energitech » en 1991, la batterie lithium-ion occupe aujourd'hui une place prédominante sur le marché de l'électronique portable. Un navire japonais (Ishin-I de Mitsui OSK Lines, partiellement solaire) devait en 2012 être équipé de batteries Li-ion d'une capacité de 3 000 kWh pour accumuler l'électricité produite par les capteurs (panneaux photovoltaïques pour une puissance totale de 200 kW).

4.6.4. Principe de fonctionnement des accumulateurs (Lithium-ion)

La technologie Li-ion consiste à utiliser la circulation électrochimique de l'ion lithium dans deux matériaux et à des valeurs de potentiel différentes, L'électrode positive et l'électrode négative constituent les deux potentiels d'oxydoréduction, et la différence de potentiel crée la tension au sein de la batterie. En cours d'utilisation (l'accumulateur se décharge), l'électrode négative relâche le lithium sous forme ionique Li+ : les ions Li+ migrent vers l'électrode positive, via l'électrolyte conducteur ionique ; le passage de chaque ion Li+ au sein de l'accumulateur est compensé par le passage d'un électron dans le circuit externe, en sens inverse : c'est ce qui crée le courant électrique faisant fonctionner le moteur du véhicule.

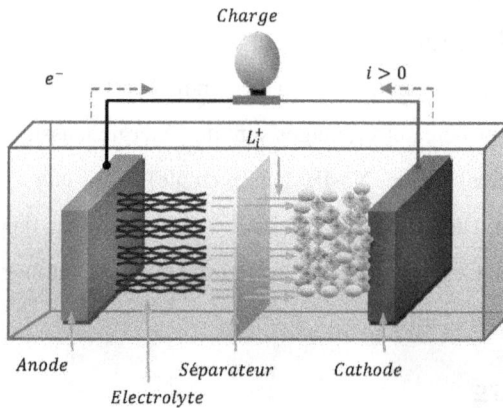

Figure 4-10 Diagramme d'un accumulateur Li-ion en décharge

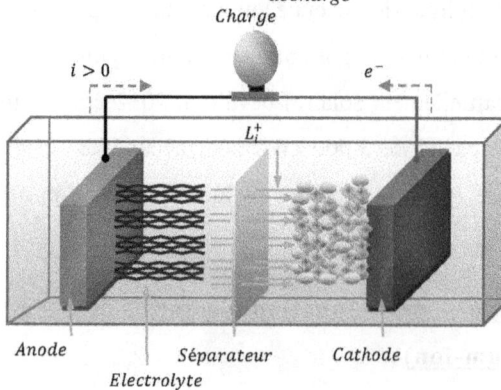

Figure 4-11 Diagramme d'un accumulateur lithium-ion en charge

Figure 4.9 décrit le circuit équivalent d'une batterie en Lithium-ion ou , E est la tension de la batterie sans charge voltage ; E_0 est la tension à vide; K est la constante de polarisation ou la résistance de polarisation; Q capacité maximum de la batterie ; Q est la tension exponentielles ; B est la capacité exponentielles .Tout les paramètres du circuit équivalent sont basé le circuit des caractéristique en décharge .

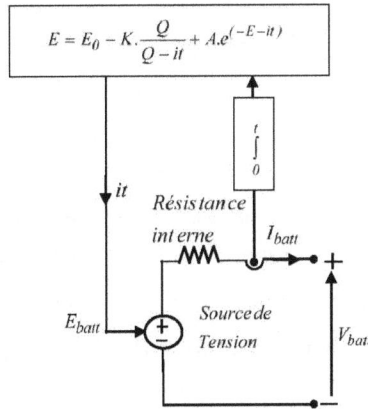

Figure 4-12 le circuit équivalent d'une batterie lithium-ion

Figure 4.13 illustre les *caractéristiques de courant nominal de décharge pour la* batterie Li-ion utilisé dans la simulation numérique.

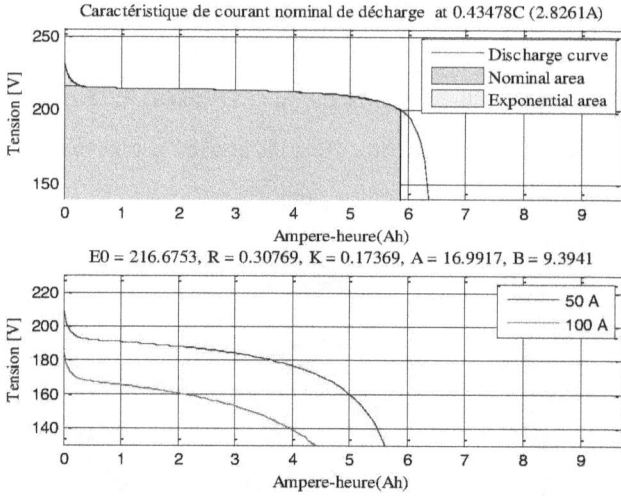

Figure 4-13 Caractéristique de courant nominal de décharge pour la battrie Li-ion

L'état de charge de la batterie (SOC) (entre 0 et 100%). L' SOC est 100 % pour une batterie complètement chargé et 0 % pour une batterie totalement déchargé. L'état de charge est définit par l'équation suivant :

$$SOC = 100 \left(1 - \frac{Q.\,1.05}{\int idt} \right) \qquad (4.5)$$

Exemple : Structure d'un pack de batteries pour un véhicule électrique.

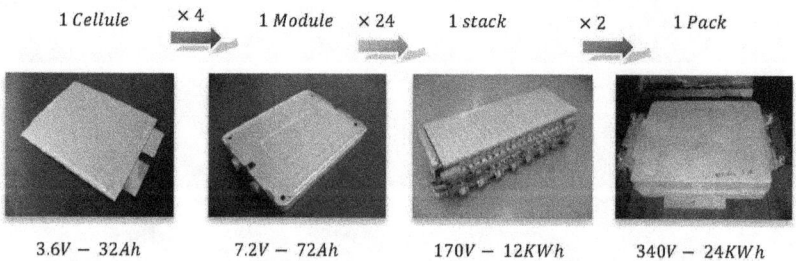

Figure 4-14 Structure d'un pack de batteries pour un Véhicule électrique

Le graphique ci-dessus montre les bonnes performances de la technologie Lithium-ion, en termes de densité de puissance massique (ordonnées) et de densité d'énergie massique (abscisses). Deux zones correspondent au Li-ion, en jaune. Cela est dû au fait que différentes chimies d'électrodes et différents designs existent, qui correspondent à différentes applications : on privilégiera la densité de puissance pour des véhicules hybrides (pour une recharge plus rapide), et la densité d'énergie pour des véhicules 100% électriques (recherche d'autonomie).

4.6.5. Les Avantage des accumulateurs lithium-ion

Ils possèdent une haute densité d'énergie pour un poids très faible, grâce aux propriétés physiques du lithium (très bon rapport poids/potentiel électrique). Ces accumulateurs sont donc très utilisés dans le domaine des systèmes embarqués.

Ils ne présentent aucun effet mémoire contrairement aux accumulateurs à base de nickel

Ils ont une faible autodécharge (10 % par mois voire souvent moins de quelques % par an !)

Ils ne nécessitent pas de maintenance

Permettent une meilleure sécurité que les batteries purement lithium, mais nécessitent toujours un circuit de protection.

4.6.6. Les inconvénients des accumulateurs lithium-ion

La profondeur de décharge : ces batteries vieillissent moins vite lorsqu'elles sont rechargées tous les 10 % que lorsqu'elles le sont tous les 80 %.

Sur les produits grand public, cette technique vieillit même quand on ne s'en sert pas (corrosion interne et augmentation de la résistance interne)

Les courants de charge et de décharge admissibles sont plus faibles qu'avec d'autres techniques.

Il peut se produire un court-circuit entre les deux électrodes par croissance dendritique de lithium.

L'utilisation d'un électrolyte liquide présente des dangers si une fuite se produit et que celui-ci entre en contact avec de l'air ou de l'eau.

Cette technique mal utilisée présente des dangers potentiels : elles peuvent se dégrader en chauffant au-delà de 80°C en une réaction brutale et dangereuse. Il faut toujours manipuler les accumulateurs lithium-ion avec une extrême précaution, ces batteries peuvent être explosives. Et comme avec tout accumulateur : ne jamais mettre en court-circuit l'accumulateur, inverser les polarités, surcharger ni percer le boîtier.

Pour éviter les problèmes, ces batteries doivent toujours être équipées d'un circuit de protection, d'un fusible thermique et d'une soupape de décharge. Elles doivent être chargées en respectant des paramètres très précis et ne jamais être déchargées en dessous de 2,5 V par élément.

Plusieurs constructeurs comme Nokia et Fujitsu-Siemens ont lancé un programme d'échange de batteries suite à des problèmes de surchauffe sur certaines batteries qu'ils ont vendues.

Tableau 4-1

	Pb (plomb)	Ni-Cd (nickel cadmium)	NiMH (nickel métal hydrure)	Li-ion
densité d'énergie massique (Wh/kg)	30	30-50	70-80	160-200
temps de charge (minutes)	300-600	180-300	180-300	90-120

4.7. L'accumulateur Lithium Métal Polymère

Le lithium est le plus léger des métaux connus et a un potentiel électrochimique très élevé : tout concourt à en faire un matériau de choix en tant qu'électrode. Cependant alors que des piles au lithium sont utilisées depuis de nombreuses années dans les différentes applications "grand public", l'utilisation du lithium métallique associé à des électrolytes liquides dans des batteries s'est avérée être problématique. Le nombre limité de cycles et les soucis de sécurité associés à l'utilisation du lithium métallique en ont limité l'usage. Aujourd'hui les batteries au lithium des appareils électroniques grands publics n'utilisent pas le lithium sous forme de métal mais en tant qu'ions lithium insérés dans un autre matériau : les problèmes mentionnés précédemment sont partiellement évités au détriment de l'énergie spécifique (Wh/ kg).

Batscap, avec la mise au point de la batterie Lithium Métal Polymère, fruit de nombreuses années de recherche et développement, a pour ambition de montrer qu'il est possible d'exploiter les caractéristiques du lithium métal en conciliant sécurité, durée de vie et coût.

Notre batterie Lithium Métal Polymère ne comprend ni liquides toxiques, ni métaux lourds. Elle est entièrement recyclable. La cellule électrochimique élémentaire de la batterie Lithium Métal Polymère (batterie LMP) est basée sur l'utilisation de quatre composants. L'anode est en lithium métal alors que la cathode est un matériau composé d'oxyde de vanadium, d'électrolyte et de carbone qui, mélangés, forment un composite plastique. Un collecteur de courant est relié à la cathode pour assurer la connexion électrique.

Parmi les différentes possibilités envisageables industriellement pour produire des films ultra minces, Batscap a retenu le procédé de fabrication par extrusion, s'appuyant ainsi sur le savoir-faire maîtrisé par le groupe Bolloré. Cette méthode de production présente plusieurs avantages importants. Tout d'abord c'est un procédé propre qui ne nécessite pas l'utilisation de produit polluant, protégeant ainsi les opérateurs et l'environnement. La mise en œuvre maîtrisée de l'extrusion autorise une grande reproductibilité dans la qualité des films produits, ce qui, compte tenu des dimensions considérées (quelques microns) n'est pas chose aisée. Enfin, c'est une solution industrielle compétitive puisqu'elle permet d'atteindre des rendements de production élevés.

Le premier produit développé a pour objectif de démontrer les possibilités de la technologie Lithium Métal Polymère. Il a été plus spécialement conçu pour répondre aux besoins des véhicules électriques. Les caractéristiques électriques du module LMP sont les suivantes :

Tableau 4-2 Les caractéristiques électriques du module LMP.

Energie	2,8 kWh
Tension nominale	31 V
Plage de tension	24 V - 40 V
Capacité à C/3	90 Ah
Puissance crête (30sec.) à 80 % de PdD	8 kW
Densité d'énergie massique	110 Wh/kg
Densité d'énergie volumique	110 Wh/l

La cellule électrochimique élémentaire de la batterie Lithium Métal Polymère (batterie LMP) est basée sur l'utilisation de quatre composants :

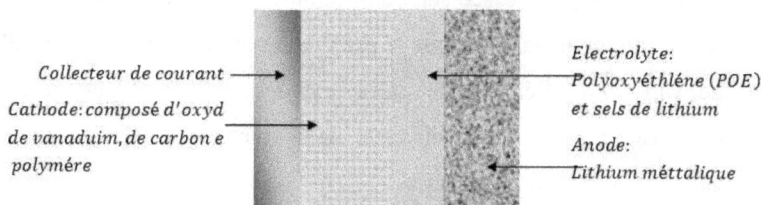

Figure 4-15 La cellule électrochimique de la batterie Lithium Métal Polymère

4.8. Le Principe d'une cellule de batterie LMP

Cette cellule élémentaire entièrement solide est constituée de deux électrodes au fonctionnement réversible : l'anode assure la fourniture des ions lithiums lors de la décharge et la cathode agit comme un réceptacle où les ions lithiums viennent s'intercaler. Les deux électrodes sont séparées par un électrolyte polymère solide, conducteur des ions lithiums. La conductivité des ions est assurée par la dissolution de sels de lithium dans le polyoxyéthylène. Pour obtenir une conductivité optimale, la température de ce polymère doit être maintenue entre 80°C et 90°C.

L'anode est en lithium métal alors que la cathode est un matériau composé d'oxyde de vanadium, d'électrolyte et de carbone qui, mélangés, forment un composite plastique. Un collecteur de courant est relié à la cathode pour assurer la connexion électrique.

Tableau 4-3 Tableau comparatif des différentes techniques

type	Densité massique (wh/kg)	Tension d'un élément	Résistance interne	Puissance en pointe massique (w/kg)	Durée de vie (nombre de recharges)	Autodécharge par mois
Pile alcaline	80-160	1.5 V	1Ω	?	25 à 500	< 0.3 %
Plomb/acide	30-50	2.1 V	0.1Ω	700	400-800	5 %
NiCd	45-80	1.2 V	0.15 Ω	?	1500-2000	> 20 %
NiMH	60-110	1.2 V	0.25 Ω	900	800-1000	> 30 %
Li-ion	90-180	3.6 V	0.2 Ω	1500	500-1000	10 %
Li-Po	100-130	3.7 V	0.25 Ω	250	200-300	10 %
Li-Air	1500-2500	3.4 V	?	200	?	?

L'accumulateur Li-Polymère est moins performant que le Li-ion mais fabriqué différemment. Il prend moins de place que le Li-ion. Par conséquent une batterie Li-Po de même taille qu'une batterie Li-ion possède une capacité plus importante. Le tableau précédent donne le rapport entre l'énergie stockée (les Wh) et la masse de la batterie (en kg). Or, une batterie Li-Po est plus dense qu'une Li-ion, d'où la différence.

4.9. Diagramme de Ragonne de différents moyens de stockage

Aujourd'hui, les performances du stockage de l'énergie électrique s'améliorent constamment comme le montre le diagramme de Ragonne de la figure 2.4, classant les différents types de technologie en fonction du compromis puissance/énergie.

4.10. Définitions des grandeurs caractéristiques des batteries

Une technologie de batterie peut être caractérisée par une multitude de grandeurs, dont on donne ici leur définition.

4.10.1. Les capacités

La capacité de stockage C : La capacité de stockage C représente la quantité de charge qu'il est possible d'obtenir lors d'une décharge complète de la batterie, initialement chargée, avec un courant constant. La nomenclature utilisée pour désigner la capacité de stockage obtenue pour une décharge de n heures estC_n [77,78,79] .

On appelle quantité de charge d'une batterie la quantité d'électricité que ce générateur peut fournir ou capter dans des conditions particulières. Cette quantité est de la forme :

$$Q = \int_{e_i}^{e_f} I dt \qquad (4.6)$$

Avec :

Q: la quantité d'électricité déchargée ou chargée en Coulombs ou en Ampère-heure   (1 Ah= 3600C= 3600 As) ;

i: l'intensité en A;

t; la durée de décharge ou en charge ;

e_f et e_i l'état initial et l'état final correspondant, en général, _a des critères de limite telles qu'une durée, des tensions limites, des températures limites, des variations de températures ou des variations de tension.

De manière générale, lorsque l'on parle d'une capacitéC_5, cela revient à évoquer la quantité de charge obtenue lors d'une décharge de 5 heures. De même, lorsque l'on parle d'une capacité$C_{0.5}$, cela revient à désigner la quantité de charge mesurée pendant une décharge de 1/2 heure. Un certain nombre de paramètres peuvent influencer cette grandeur. Il est possible de les distinguer selon deux classes. La première se réfère à des choix de mesures expérimentales et la deuxième à l'état de la batterie qui définit l'état de ses performances.

La première classe de paramètres comprend le régime de décharge et les critères initiaux et finaux de la décharge utilisés. Les courants de décharge, appelés aussi régime de décharge, utilisent la même nomenclature que la capacité C_n et sont définis de la manière suivante :

$I_n = C_n/n$. En pratique, le régime de décharge utilisé se réfère à la capacité indiquée par le constructeur. Par ailleurs, le critère initial désigne une batterie complètement chargée selon les désignations du constructeur et le critère final, une tension minimale à un régime donné.

Dans la norme NF EN 61982-1 qui décrit les paramètres d'essai des accumulateurs pour la propulsion des véhicules routiers électriques, on liste ces tensions limites en fonction de la technologie de la batterie et du régime de décharge. Pour les batteries au plomb, il est préconisé de prendre 1.7 , 1.6 *et* $1.5\ V$ comme tensions limites pour les régimes de décharges de C_5, C_1 *et* $C_{0.5}$.

La deuxième classe de paramètres contient les paramètres agissant sur l'état de la batterie comme sa température ou son état de détérioration. En effet, la température influence fortement le comportement d'une batterie notamment la tension à vide et l'impédance de la batterie. Par ailleurs, l'état de détérioration évolue selon l'usage de la batterie et induit des phénomènes de vieillissement qui altèrent le fonctionnement de la batterie.

La capacité nominale Cn : La capacité nominale correspond à la capacité de stockage obtenue à un régime de décharge nominal et respectant les critères initiaux et finaux du constructeur. Dans les applications de véhicules hybrides électriques, les capacités les plus souvent évoquées sont la capacité C_n notée C et la capacité C_3. Lors de nos études, nous nous sommes systématiquement référés à un régime de décharge de 1C avec C la capacité indiquée par le constructeur. Comme la capacité de stockage, la capacité nominale dépend de la température et de l'état de la batterie.

La capacité stockée Cs : La capacité stockée est analogue à la capacité nominale définie au paragraphe précédent exceptée que l'état initial ne désigne pas forcément la batterie comme étant complètement chargée.

La capacité récupérable à un régime donnée C_r : La capacité récupérable est similaire à la capacité stockée Cs définie au paragraphe précédent excepté que le régime de décharge en n'est pas forcément nominal. L'ensemble de ces grandeurs sont dépendantes de la température. Contrairement à l'usage qui est de définir Cn pour une température donnée en général 25°C .Dans cette étude, on considère que la capacité nominale dépend de la température de la batterie.

4.10.2. Le **rendement faradique**

Le rendement faradique représente l'efficacité de la recharge. En effet, dans les batteries à électrolyte aqueux, les réactions aux électrodes sont concurrencées par des réactions secondaires. Ces réactions secondaires représentent des courants de fuite importants notamment lors des charges. Le courant traversant la batterie est donc la somme d'un courant intervenant dans les réactions principales I_p et d'un courant intervenant dans les réactions secondaires I_s :

$$I = I_p + I_{p_s} \qquad (4.7)$$

Ainsi, la quantité de charge fournie à la batterie n'est pas entièrement récupérable. Le rendement faradique est donc défini comme le rapport du courant utilisé dans la réaction principale I_p sur le courant fourni I_s :

$$\eta_f = \frac{I}{I_p + I_{p_s}} \qquad (4.8)$$

Il dépend de l'état de charge de la batterie et de l'intensité du courant : $\eta_f = f(SOC, T, I)$. Lorsque l'on réalise des cycles complets de recharge et de décharge, on définit alors le rendement faradique global $\overline{\eta}_f$ de la manière suivante :

$$\overline{\eta}_f = \frac{C_s}{C_c} \tag{4.9}$$

Avec C_c la quantité de charge fournie à la batterie lors du protocole de charge. Le rendement faradique global dépend de la température lors de la charge et du régime de charge. À 25°C, l'ordre de grandeur du rendement faradique global est de 92 % pour le Ni-MH. Il est compris entre 85 et 90 % pour les batteries plomb. Les batteries Li-ion, dont électrolyte n'est pas aqueux, présentent des rendements faradiques proches de 100 % [76].

4.10.2.1. L'autodécharge

Les phénomènes d'autodécharge se traduisent par une perte de l'énergie lors du stockage de la batterie. Ce phénomène provient de réactions secondaires intervenant aux deux électrodes et dépend fortement de la température. Dans les technologies à électrolytes aqueux, ces réactions secondaires correspondent à l'oxydation et la réduction des molécules d'eau. L'autodécharge est de l'ordre de 2 % par jour pour les batteries plomb et les batteries NiCd. Suivant les sources, les batteries NiMH sont plus ou moins sensibles à ce phénomène avec une autodécharge de 1.5 % jusqu'à 2.5 % par jour suivant la température de stockage. Elle est très faible pour les batteries Li-ion, de l'ordre de 10 % par mois .Les batteries à haute température, comme la batterie Zébra dont la température de fonctionnement est comprise entre 300-350°C, sont très sensibles à ce critère car si l'on souhaite maintenir la température de l'élément lors de son stockage, l'autodécharge peut vaut alors près de 10 % par jour. Par ailleurs, l'utilisation de circuit d'égalisation introduit des pertes de capacité qu'il est possible d'associer à de l'autodécharge.

4.10.2.2. La tension

La tension à vide : La tension à vide désigne la tension d'équilibre de la batterie au repos. Elle est définie comme la différence des potentiels d'équilibre entre les deux électrodes. Cette tension à vide dépend directement des activités des espèces actives qui varient avec l'état de charge et la température. L'historique de l'utilisation de la batterie peut aussi avoir un impact sur la tension à vide comme pour les batteries Ni-MH; on parle alors de phénomène d'hystérésis

L'impédance : En fonctionnement, lorsque la batterie est traversée par un courant, il apparaît une polarisation entre la tension de l'élément et la tension d'abandon. Il est possible de la représenter par la chute de tension qui a lieu aux bornes d'une impédance complexe. L'impédance traduit alors le comportement dynamique de la batterie. Cette notion d'impédance sera plus amplement discutée dans la partie IL De manière usuelle dans les documentations des fabricants, l'impédance est représentée par une résistance fictive qui traduit la chute de tension due à un échelon de courant d'une durée de 2, 5 ou 10 secondes. Elle est en général fournie à un état de charge moyen, c.-à-d. SOC = 50% et une température de l'ordre de 20°C. L'impédance d'une batterie influence directement les puissances dé livrables par la batterie ; il est d'ailleurs plus courant de trouver des informations concernant les puissances disponibles que sur l'impédance en tant que telle.

4.10.3. Introduction aux indices d'états

Dire dans quel état est une batterie est une étape primordiale pour sa bonne utilisation. Il est alors possible d'éviter des modes de fonctionnement dommageables _a la batterie comme des surcharges, des sur-décharges ou des surintensités. Mais aussi, il est possible de prévoir si la batterie peut assurer ou non sa fonctionnalité : démarrage _a froid pour une batterie de démarrage, autonomie restante d'une voiture électrique. Un certain nombre d'indices permettent de quantifier ces états. Nous allons présenter ceux qui sont communément utilisées pour l'étude des batteries.

4.10.4. L'état de charge (SOC)

Il existe différentes manières de définir l'état de charge d'une batterie qui s'apparentent à des conventions de la part des utilisateurs de batterie. La définition que nous avons retenue est la suivante, l'état de charge d'une batterie est défini pour une température ambiante T telle que :

$$SOC = \frac{C_s(T)}{C_n(T)} \tag{4.10}$$

L'état de charge est en général compris entre 0 et 100 %. Cependant, lorsque le régime de décharge est inférieur au régime nominal, il est possible d'obtenir des valeurs d'état de charge inferieures à 0. Par ailleurs, on fait l'hypothèse que lorsque la température de la batterie change sans transfert de charge, l'état de charge de la batterie se conserve.

Le suivi de l'état de charge peut être réalisé à partir d'un calcul de coulométrie. La variation d'état de charge d'une batterie est définie comme :

$$SOC(t_2) - SOC(t_1) \tag{4.11}$$

$$= \frac{1}{3600\ Cn} \begin{cases} -\int_{t1}^{t2} I\ dt & si\ I > 0\ (décharge) \\ -\int_{t1}^{t2} \eta f\ I\ dt & si\ I < 0\ (charge) \end{cases}$$

Avec t_1 et t_2 les instants de début et de _n de la phase d'utilisation exprimé en s, Cn la capacité nominale de la batterie exprimée en Ah.

L'état de charge d'une batterie reflète les taux d'espèce ionique présents au sein des électrodes. Or, la différence de potentiel à l'interface de l'électrode et l'électrolyte est déduite de ce taux. Selon que cette différence de potentiel est proche ou non du potentiel d'équilibre d'une réaction secondaire, cette réaction est favorisée ou non. De plus, la structure des électrodes est variable selon ce taux d'insertion et peut être plus ou moins fragile.

4.10.4.1. L'état de santé (SOH)

La notion d'état de charge ne prend pas en compte la perte de capacité due au vieillissement et se réfère _a la capacité nominale actuelle de la batterie. Lorsque les performances de la batterie diminuent à cause de phénomènes de vieillissement, il est intéressant de quantifier la différence entre la capacité nominale actuelle de la batterie C_n et celle obtenue lorsque la batterie était neuve $C_{n,0}$. L'état de santé est défini comme :

$$SOC = \frac{C_n}{C_{n,0}} \qquad (4.12)$$

Afin de ne pas prendre en compte la variation de la capacité avec la température de la batterie, cette grandeur est définir pour une température de référence.

4.10.4.2. L'état de fonction (SOF)

La définition de l'état de vie que nous venons de donner est adaptée _a l'application des véhicules hybrides pour lesquelles la capacité d'énergie disponible est importante. Elle n'est pourtant pas conforme à l'état que l'on souhaiterait connaitre d'une batterie de démarrage par exemple ; cet état serait par exemple la capacité de fournir une puissance donnée pendant un temps dans une large gamme de température sans atteindre une tension minimale.

D'autres cas sont envisageables, comme la capacité récupérable pendant un temps donnée ou la puissance disponible pendant x secondes .Utilise dans les systèmes de gestion des batteries (Battery Management System) , cet indice permettrait de quantifier si l'élément batterie continue _a assurer ses fonctionnalités bien que ses performances soient diminuées par les phénomènes de vieillissement.

Afin de quantifier l'influence du vieillissement sur les performances de la batterie et notamment sur la puissance disponible en charge et en décharge à un état donnée, il est

possible de définir l'état de fonction en décharge de la manière suivante :

$$SOF = \frac{|P(T,SOH,SOC) - P_c|}{|P_0(T,SOH,SOC) - P_c|} \qquad (4.13)$$

avec P_c la puissance désirée dans le cadre de l'application, $|P(T,SOH,SOC) - P_c|$ la puissance que peut fournir la batterie dans les conditions de l'application et P0(T; SOH; SOC) la puissance que peut fournir la batterie en début de vie. Par exemple, suivant l'application hybride 20 kW selon le PNGV [ID03] et l'application véhicule _électrique selon USABC [USABC96], les durées pendant lesquelles la puissance doivent être fournies valent 10 s pour l'application hybride et 30 s pour l'application électrique.

4.11. **Résulta de Simulation**

Afin de teste les performances des deux batteries lithium-ion et Nickel Métal hydride sur notre chaîne de traction. On soumet le model de la figure 4.18 à un trajet décrite dans figure 4.19 les résulta suivants sont simulé dans l'environnent MATLAB (SIMULINK). L'état de charge des batteries est de 60%.les figures présenté sont celle du moteur droite.

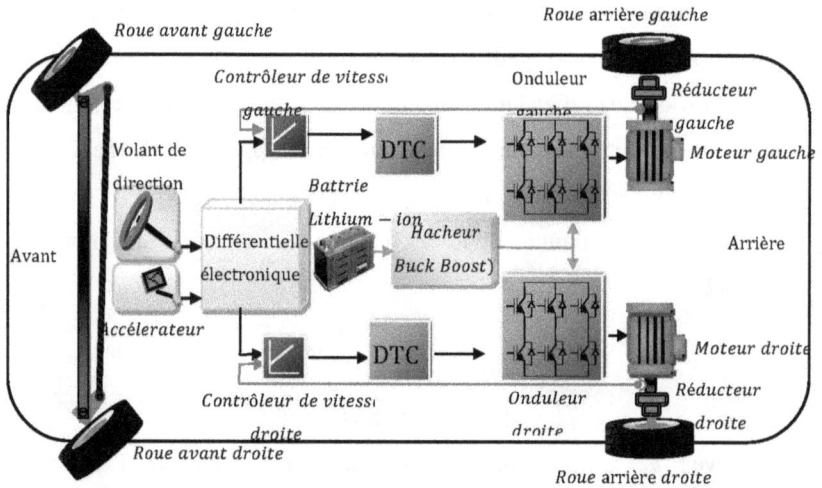

Figure 4-16 Schémas de la commande directe du couple des deux roues arrière du système de propulsion électrique.

La topologie de la route est composé de trois phases : la premier représente un démarrage du véhicule électrique avec une vitesse de $60\ km/h$ dans un terraine plate : la deuxième phase présente une accélération avec une vitesse $80\ km/h$ .Finalement un freinage dure avec une vitesse $20\ km/h$ .Les contrainte de la route sont présenter dans le tableau 2.

Tableau 4-4 Spécification de la topologie de la route.

Phases	Evénement	Vitesse du véhicule [km/h]
Phase 1	démarrage	60
Phase 2	Accélération	80
Phase 3	Freinage dure	20

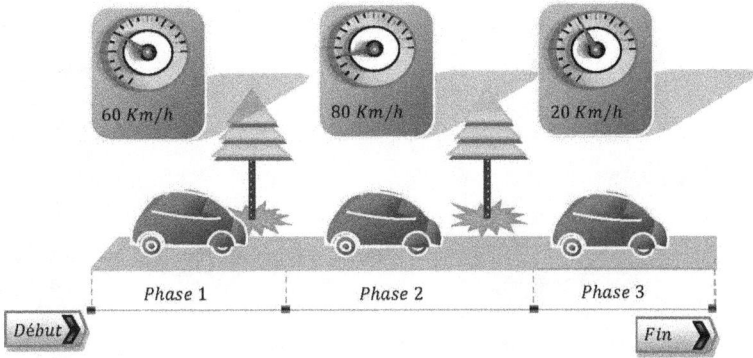

Figure 4-17 Différentes scenarios parcourus par VE.

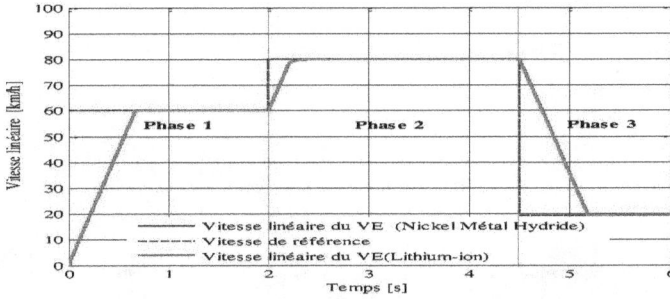

Figure 4-18 Variation de la vitesse dans les différentes phases.

On se référait de la figure 14.20 au temps t= 2 sec le VE roule dans un terraine plate avec une vitesse linéaire 60 km/h. Nous remarquant que les deux roues ne sont pas perturbées. L'état de charge de la batterie est de 60 %. Dans cet essai les roues directrices suit parfaitement la vitesse de référence avec dépassement nul aucun erreur statique ce qui justifier le bon comportement du différentielle électronique et la commande direct de couple. Les deux technologies choisies (Li-ion et NiMH) présentent les mêmes réponses en vitesse.

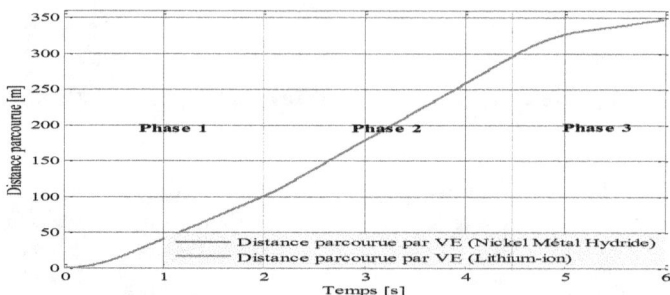

Figure 4-19 l'évolution de la distance parcourue par VE dans les différentes phases.

Figure 4.22 présente la distance franchi par *VE* pendant les différent phases. La distance totale parcourue est de 315 m. Le différentielle électronique maintien une consigne de 60 km/h, une accélération de 80 km/h et un freinage dur de 20 km/h.

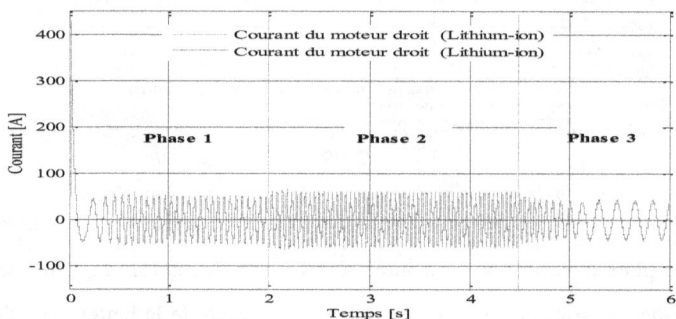

Figure 4-20 Variation du courant du moteur droite.

Figure 4.23 et la table 4.5, explique la variation du courant de phase et force de traction respectueusement. Dans la première étape pour atteindre 60 km/h ,le VE demande un courant de 51.72 A pour chaque moteur ce qui explique les 347.40 N de forces de tractions. Dans la deuxième étape le courant et les forces de tractions augmente .Les deux moteur développe 850 N avec un appel de courant de 121 A pour répondre à la consigne de 80 km/h demandée par le conducteur. Ces variation sont illustrées dans la figure 4.22 et la figure 4.23. La deuxième phase explique l'effet de l'accélération sur VE dans un terrain plate. En remarque que la demandé en courant augment ainsi que les forces de traction atteindre les 445.60 N pour le moteur droite. Dans la troisième phase afin d'assure un freinage en tout sécurité en doit diminue la vitesse de 80 Km/h à 20 km/h en suit en assure le freinage du véhicule électrique par un freinage magnétique.

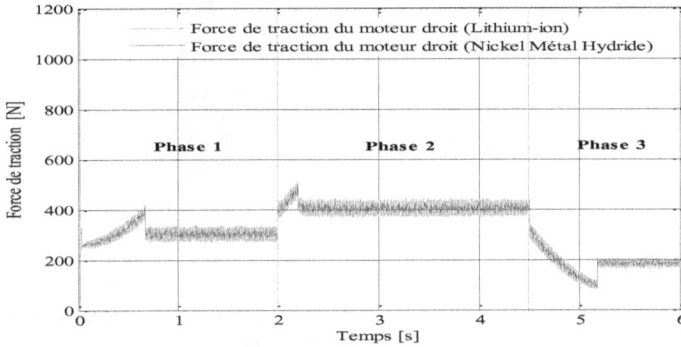

Figure 4-21 Variation of driving force of the right motor in different phases.

Tableau 4-5 Valeurs du courant de phases et la force de traction pour le moteur droite dans les différentes phases.

Phases	Phase 1	Phase 2	Phase 3
Courant du moteur droite [A]	*51.72*	*60.76*	*44.65*
Force de traction du moteur droite [N]	*337.4*	*445.20*	*205*

D'après les formulas 2.39, 2.40 ,2.45 et la table. 4.6, la variation de couple véhicule dans différentes phases est représenter dans la figure 4-24. Le couple véhicule est de 95.31 N.m dans le premier cas (phase de démarrage). Les roues arrière développent plus d'effort pour satisfaire demande imposé. Le couple résistive attiendra 127,60Nm. Les résultats prouve que la système de propulsion utilisé développe un double effort par rapport à la dernier phase ce que signifier que VE a besoin de moins d'énergie dans la phase de freinage. Les deux technologies choisies (Li-ion et NiMH) présentent les mêmes réponses en courant et en force de traction.

Tableau 4-6 Variation du couple véhicule dans les différents phases.

Phases	1	2	3

Couple véhicule [N.m]	95.31	127.60	58.6
Comparaisons en pourcent entre le couple véhicule total et le couple moteur nominal (476 N.m).	20.02 %	26.80 %	12.31 %

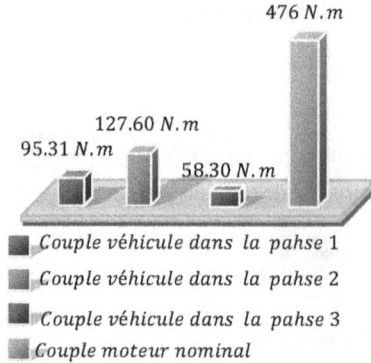

476 N.m

127.60 N.m
95.31 N.m
58.30 N.m

■ Couple véhicule dans la pahse 1
■ Couple véhicule dans la pahse 2
■ Couple véhicule dans la pahse 3
■ Couple moteur nominal

Figure 4-22 l'évolution du couple véhicule par rapport au couple moteur dans les différents scénarios.

La figure 4.25 donnera la variation de la puissance pour les deux type de batterie durant tout le trajet.la figure 4.26 illustre la variation de la tension et du courant pour les deux type de batteries durant les différents cas. En Remarque une légère différence dans la phase d'accélération pour la courbe de courant et la courbe en tensions mais en point de vus puissance c'est la même. Ce la signifier que la puissance demandé durant le trajet reste le même pour les deux technologies choisies.

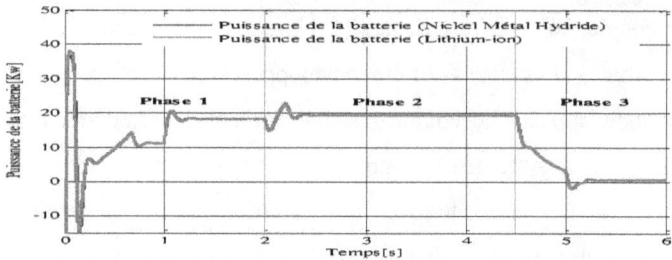

Figure 4-23 Variation de la puissance pour les deux types de batterie durant tout le trajet.

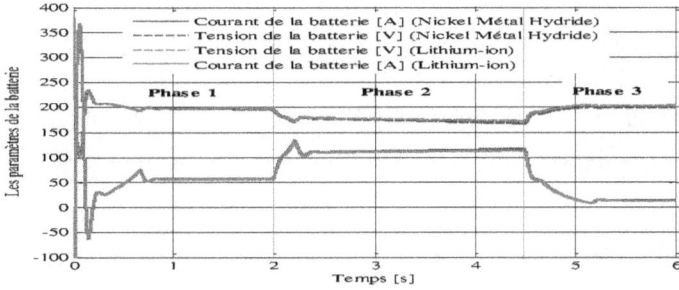

Figure 4-24 Variation de la tension et du courant pour les deux type de batterie durant tout le trajet.

Dans la table 4-7 en décrite la variation de la puissance dans les différents cas.

Tableau 4-7 Values of phase current driving force of the right motor in different phases.

Phase	Phase 1	Phase 2	Phase 3
Puissance de batterie [Kw]	18.39	19.43	0.42
Comparaison en pourcent entre puissance total de la batterie et la puissance de moteurs.	32.48	13.29	82.58

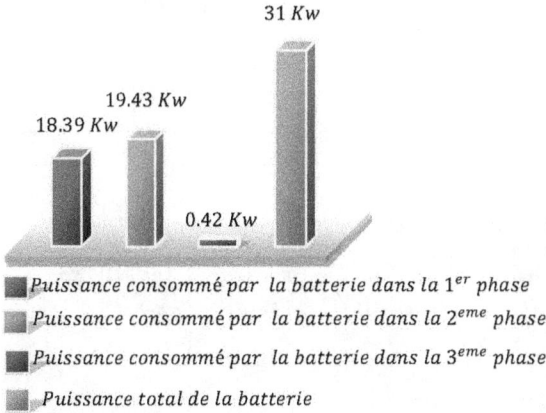

31 Kw

19.43 Kw

18.39 Kw

0.42 Kw

Puissance consommé par la batterie dans la 1er phase

Puissance consommé par la batterie dans la 2eme phase

Puissance consommé par la batterie dans la 3eme phase

Puissance total de la batterie

Figure 4-25 Variation de la puissance maximale dans les diffrents sineraios.

Figure 4-26 variation de la puissance de la batterie durant le trajet .

Il est intéressent de décrie la distribution de puissance de la batterie dans les différentes étapes figure 4.27. La batterie produit environ 18.39 Kw dans la première afin de répondre à la vitesse de référence 60 km/h donné par le différentielle électronique. Dans la deuxième phase (phase 2: accélération) l'appel de puissance augment et la batterie fournit 19.43 Kw qui présente 71.91% de la totalité de puissance stocké dans la batterie (31 Kw). Dans la dernier phase la batterie produit 0.42 Kw. L'utilisation ou la gestion d'énergie au niveaux de la batterie dépende essentiellement des consignes donner par de le différentielle électronique qui est expliqué par l'évolution de l'état de charge de la batterie SOC illustré dans les tableaux 4-8 (Ni-MH) et 4-9 (Li-ion).

Tableau 4-8 L'évolution de l'état de charge pour la batterie Ni-MH en [%]dans les différents cas

Phase	Vitesse Km/h	Début de la pahse [s]	Fin de la phase [s]	SOC [%] début	SOC [%] fin	SOC [%] différence
1	60	0	2	60.00	59.56	0.44
2	80	2	4	59.56	58.45	1.11
3	20	4	6	58.45	58.31	0.14

Tableau 4-9 L'évolution de l'état de charge pour la batterie Lithium-ion en [%]dans les différents cas

Phase	Vitesse Km/h	Début de la pahse [s]	Fin de la phase [s]	SOC [%] début	SOC [%] fin	SOC [%] différence
1	60	0	2	60.00	59.52	0.48
2	80	2	4	59.52	58.35	1.17
3	20	4	6	58.35	58.20	0.15

Les tableaux 4.10 et 4-11 résume la distance, l'état de charge et la puissance consommée des deux types de technologies.

Tableau 4-10 La relation entre chain de traction, électronique de puissance et la distance parcourus par VE cas batterie Ni-MH

	60 Km/h	80 Km/h	20 Km/h
	Phase 1	Phase 2	Phase 3
$D_{parcourus}$ [m]	99.62	64.98	145.40
$SOC_{différence}$ [%]	0.44	1.11	0.14
$P_{absorbé}$ [Kw]	11.04	19.32	2.70

Tableau 4-11 la relation entre chain de traction, électronique de puissance et la distance parcourus par VE cas batterie Ni-MH

	60 Km/h	80 Km/h	20 Km/h
$D_{parcourus}$ [m]	99.62	64.98	145.40
$SOC_{différence}$ [%]	0.48	1.17	0.15
$P_{absorbé}$ [Kw]	11.04	19.32	2.70

Figure 4-29 explique comment varie l'état de charge pour les deux batteries Ni-MH et Lithium-ion durant le trajet complète ; l'état de charge diminues rapidement dans la phase d'accélération .L'état de charge varie entre 58.75% à 60% pour la batterie Ni-MH tandis que il varie entre 58.20% à 60% pour l'autre batterie.

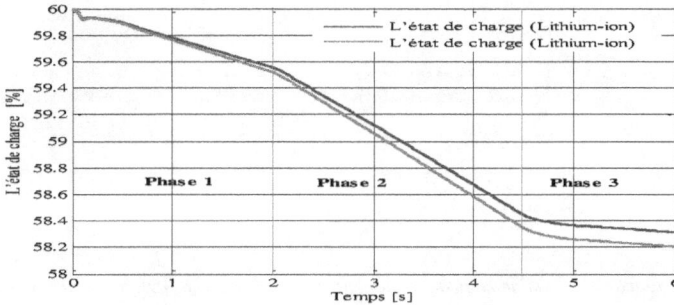

Figure 4-27 L'état de charge pour les deux type de technologies

D'âpre la figure montre ci-dessous nous avons développé deux linéaire approche formule, qui exprime la relation entre l'état de charge et temps écoulé.la premier pour la batterie Ni-MH :

$SOC[\%]$
$$= 0.00012576t^{10} - 0.0037244t^9 + 0.046839t^8 - 0.32599t^7$$
$$+ 1.3713t^6 - 3.5741t^5 + 5.6936t^4 - 5.2873t^3 + 2.5782t^2 - 0.72711t$$
$$+ 60.008$$

Et la deuxième pour la batterie Lithium-ion :

$SOC[\%]$
$$= 0.00013371 - 0.0039622 + 0.049865t^8 - 0.34734t^7 + 1.4625t^6$$
$$- 3.8163t^5 + 6.0889t^4 - 5.2873t^3 + 2.5782t^2 - 0.72711t + 60.008$$

D'âpres la figure 4-29, l'état de charge de la batterie Ni-MH (courbe en haut) présente une amélioration par rapport l'état de charge de la batterie Li-ion (courbe en bas).c'est à dire que l'état de charge de la batterie NIMH attiendra 58.75 % à la fin de cycle par contre elle atteindra 58.20% pour la batterie Li-ion. Donc la batterie Ni-MH donne une amélioration de 0.5% de SOC par rapport à la batterie Li-ion .Cela nous conduire à choisir la candidature de la batterie Ni-MH pour notre système de propulsion électrique.

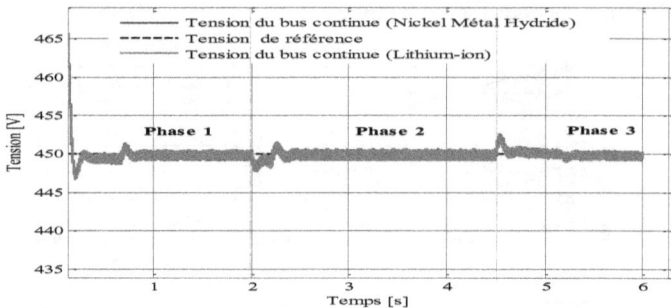

Figure 4-28 Test de robustesse pour le convertisseur DC-DC sous une variation de vitesse.

La puissance de la batterie est contrôlée par un convertisseur DC-DC (Buck Boost) qui délivre un courant équitable pour chaque phase. La figure 4-30 nous testons la robustesse de ce convertisseur sous variation des sèvre de vitesse. Quand la vitesse 60 Km/h à 80 Km/h, la tension demandé est de 450 V. Le convertisseur n'est pas seulement un convertisseur robuste qui assure stabilité la tension pour alimenter l'onduleur, mais il assure aussi la recharge de la batterie dans les descentes et phase de farinage pour assure une autonomie pour la batterie .la Table. 4-12 donner les ondulations de la tension dans les différents cas. L'ondulation de la tension augmentée avec l'augmentation de la vitesse.

Tableau 4-12 l'estimation du l'ondulation.

Phases	1	2	3
L'ondulation de la tension pour la batterie NiMH [V]	0.55 %	0.92%	0.26%
L'ondulation de la tension pour la batterie lithium-ion [V]	0.58 %	0.95 %	0.27%

4.12. **Conclusion**

Le test de candidature des deux batteries de technologie différentes tel que LI-ion et NI-MH étudier dans ce chapitre, Montre que le comportement des deux batteries et le même, pour les vitesses du véhicule ainsi que pour les courant et les couple électromagnétique développe par les des moteurs arrières. Les batteries NI-MH porte une amélioration de 0.50% au niveau de l'état de charge SOC. On a apte la batterie NI-MH comme batterie la mieux adapter avec notre system de propulsion proposé. La puissance de la batterie développe dépende de la topologie de le route. La variation de vitesse du véhicule électrique. N'est pas affecter la performance des deux batteries .La commande directe de couple dans des meilleures performances dynamique pour notre véhicule électrique. Dans ce chapitre nous avions développe deux nouvelle formule entre l'état de charge SOC et temps parcourus. Cette formule nous a permet d'estimer l'état de charge a chaque instant. Cet dernier permet au conducteur de contrôle instantané de la batterie pour la recharge de nouveau.

chapitre 5

OPTIMISATION DES PARAMETRES DE CONTROLEUR DE VITESSE PI PAR L'ALGORITHME DE HARMONY SEARCH ET PARALLEL ASYNCHRONOUS PSO

5.1. Introduction

En recherche opérationnelle, et plus précisément dans le domaine de l'optimisation difficile, la majorité des méthodes sont inspirées par de telles études, et notamment par la biologie. Le fait que la biologie étudie souvent des systèmes présentant des comportements dits "intelligents" n'est pas étranger au fait qu'ils soient modélisés, puis transposés dans le cadre de problèmes "réels". On parle parfois d'intelligence artificielle biomimétique pour désigner de telles approches.

Dans le cadre de l'optimisation, cette approche a donné lieu à la création de nouvelles méta-heuristiques. Les méta-heuristiques forment une famille d'algorithmes d'optimisations visant à résoudre des problèmes d'optimisation difficile, pour lesquels on ne connaît pas de méthode classique plus efficace. Elles sont généralement utilisées comme des méthodes génériques pouvant optimiser une large gamme de problèmes différents, sans nécessiter de changements profonds dans l'algorithme employé. Les algorithmes de Harmony Search et Parallel Asynchrone PSO forment ainsi une classe de méta-heuristique récemment proposée pour les problèmes d'optimisation difficile. Le but de ce présent chapitre est d'utiliser deux méthodes d'optimisation Harmony Search est Parallel Asynchrone PSO pour optimisation des paramètres du contrôleur de vitesse du véhicule électrique a deux roues motrices arrières.

5.2. MÉTA-HEURISTIQUES POUR L'OPTIMISATION DIFFICILE

5.2.1. Optimisation difficile

5.2.1.1. Problème d'optimisation

Un problème d'optimisation au sens général est défini par un ensemble de solutions possibles S, dont la qualité peut être décrite par une fonction objective F. On cherche alors à trouver la solution S^* possédant la meilleure qualité $F(S^*)$ (par la suite, on peut chercher à minimiser ou à maximiser $F(S)$. Un problème d'optimisation peut présenter des contraintes d'égalité (ou d'inégalité) sur S, être dynamique si $F(S)$. change avec le temps ou encore multi-objectif si plusieurs fonctions objectives doivent être optimisées.

Il existe des méthodes déterministes (dites "exactes") permettant de résoudre certains problèmes en un temps fini. Ces méthodes nécessitent généralement un certain nombre de caractéristiques de la fonction objective, comme la stricte convexité, la continuité ou encore la dérivabilité. On peut citer comme exemple de méthode la programmation linéaire, quadratique ou dynamique, la méthode du gradient, la méthode de Newton,...etc.

5.2.1.2. Optimisation difficile

Certains problèmes d'optimisation demeurent cependant hors de portée des méthodes exactes. Un certain nombre de caractéristiques peuvent en effet être problématiques, comme l'absence de convexité stricte (multi-modalité), l'existence de discontinuités, une fonction non dérivable, présence de bruit,...etc.

Dans de tels cas, le problème d'optimisation est dit "difficile", car aucune méthode exacte n'est capable de le résoudre exactement en un temps "raisonnable", on devra alors faire appel à des heuristiques permettant une optimisation approchée.

L'optimisation difficile [88] peut se scinder en deux types de problèmes : les problèmes discrets et les problèmes continus.

Le premier cas rassemble les problèmes de type NP-complets, tels que le problème du voyageur de commerce.

Dans la seconde catégorie, les variables du problème d'optimisation sont continués. C'est le cas par exemple des problèmes d'identifications, où l'on cherche à minimiser l'erreur entre le modèle d'un système et des observations expérimentales.

En pratique, certains problèmes sont mixtes et présentent à la fois des variables discrètes et des variables continues.

5.2.2. Algorithmes d'optimisation approchée

5.2.2.1. Heuristiques

Une heuristique [62, 63] d'optimisation est une méthode approchée se voulant simple, rapide et adaptée à un problème donné. Elle a une grande capacité à optimiser un problème avec un minimum d'informations mais elle n'offre aucune garantie quant à l'optimalité de la meilleure solution trouvée.

Du point de vue de la recherche opérationnelle, ce défaut n'est pas toujours un problème.

5.2.2.2. Méta-heuristiques

Parmi les heuristiques, certaines sont adaptables à un grand nombre de problèmes différents sans changements majeurs dans l'algorithme. On parle alors de méta-heuristiques. La plupart des heuristiques et des méta-heuristiques utilisent des processus aléatoires comme moyens pour récolter de l'information et de faire face à des problèmes comme l'explosion combinatoire. En plus de cette base stochastique, les méta-heuristiques sont généralement itératives, c'est-à-dire qu'un même schéma de recherche est appliqué plusieurs fois au cours de l'optimisation, et directes, c'est-à-dire qu'elles n'utilisent pas l'information du gradient de la fonction objective.

Elles tirent en particulier leur intérêt de leur capacité à éviter les optima locaux, soit en acceptant une dégradation de la fonction objective au cours de leur progression, soit en utilisant une population de points comme méthode de recherche (se démarquant ainsi des heuristiques de descente locale). Souvent inspirées d'analogies avec la réalité (physique, biologie, éthologie, . . .), elles sont généralement conçues au départ pour des problèmes discrets, mais peuvent faire l'objet d'adaptations pour d'autres problèmes.

Les méta-heuristiques, du fait de leur capacité à être utilisées sur un grand nombre de problèmes différents, se prêtent facilement à des extensions. Pour illustrer cette caractéristique, citons notamment :

- l'optimisation multi-objective (dites aussi multi-critère) [89], où il faut optimiser plusieurs objectifs contradictoires. La recherche vise alors non pas à trouver un optimum global, mais un ensemble d'optima "au sens de Pareto" formant la "surface de compromis" du problème.

- l'optimisation multi-modale, où l'on cherche un ensemble des meilleurs optima globaux et/ou locaux.

L'optimisation des problèmes bruités, où il existe une incertitude sur le calcul de la fonction objective. Incertitude dont il faut alors tenir comptes dans la recherche de l'optimum.

L'optimisation dynamique, où la fonction objective varie dans le temps. Il faut alors approcher au mieux l'optimum à chaque pas de temps. le parallélisme, où l'on cherche à accélérer la vitesse de l'optimisation en répartissant la charge de calcul sur des unités fonctionnant de concert. Le problème revient alors à adapter les méta-heuristiques pour qu'elles soient réparties.

l'hybridation, vise à tirer parti des avantages respectifs de méta-heuristiques différentes en les combinant [90].

Enfin, la grande vitalité de ce domaine de recherche ne doit pas faire oublier qu'un des intérêts majeurs des méta-heuristiques est leur facilité d'utilisation dans des problèmes concrets. L'utilisateur est généralement demandeur de méthodes efficaces permettant d'atteindre un optimum avec une précision acceptable dans un temps raisonnable. Un des enjeux de la conception des méta-heuristiques est donc de faciliter le choix d'une méthode et de simplifier son réglage pour l'adapter à un problème donné.

5.3. Optimisation par la method de harmony search (hs):

5.3.1. Définition et principe de la méthode

Les algorithmes méta-heuristiques actuels imitent les phénomènes naturels. Un nouvel algorithme méta-heuristique a été développé par le Docteur Zong Woo Geem qui a conceptualisé l'utilisation du processus musical pour un état parfait d'harmonie. Des répétitions musicales cherchent à trouver une harmonie agréable (état parfait) telle qu'elle est déterminée par une norme esthétique, tout comme le processus d'optimisation vise à trouver une solution globale (état parfait) telle qu'elle est déterminée par une fonction objective. Le ton de chaque instrument de musique détermine la qualité esthétique, tout comme la valeur de la fonction objective est déterminé par l'ensemble des valeurs affectées à chaque variable de décision. Le nouvel algorithme méta-heuristique HS, a été généré en se basant sur le processus naturel de la performance musicale qui se produit lorsqu'un musicien cherche un meilleur état d'harmonie, comme lors de l'improvisation de jazz [100]. Dans l'improvisation musicale, chaque musicien joue un air donné dans l'étendu possible, en créant ainsi ensemble un seul vecteur d'harmonie. Si tous les tons créent une bonne harmonie, cette expérience est gravée dans la mémoire de chaque joueur, et la possibilité de créer une bonne harmonie augmentera par la suite.

De même, en optimisation de l'ingénierie, chaque variable de décision choisit d'abord une valeur quelconque dans l'intervalle possible, en créant ainsi ensemble un seul vecteur de solutions. Si toutes les valeurs des variables de décision, aboutissent à une bonne solution, cette expérience est sauvegardée dans la mémoire de chaque variable, et la possibilité de parvenir à une bonne solution est également augmentée ultérieurement.

$$Do \qquad Mi \qquad Sol$$

$$x_1 = 1.0 \quad x_2 = 3.0 \quad x_3 = 5.0 \quad \Rightarrow f(1.0,3.0,5.0)$$

Figure 5-1 L'analogie entre l'improvisation en musique et l'optimisation de l'ingénierie.

En optimisation de l'ingénierie, l'estimation d'une solution est réalisée en transférant les valeurs des variables de décision à la fonction objective ou la fonction de justesse, et en estimant la valeur de la fonction à l'égard de plusieurs aspects tels que le coût, l'efficacité et /ou les erreurs. Considérons un trio de jazz composé de saxophone, contrebasse et guitare. Il existe certain nombre de tons préférables à la mémoire de chaque musicien : le saxophoniste {Do, Mi, Sol} : le contrebassiste {Si, Sol, Re} et le guitariste {La, Fa, Do}. Si le saxophoniste joue au hasard {Sol} de sa mémoire {Do, Mi, Sol}, le contrebassiste {Si} de {Si, Sol, Re} et le guitariste {Do} de {La, Fa, Do}, l'harmonie (Sol, Si, Do) crée une autre harmonie. Et si cette nouvelle harmonie est mieux que celle qui puisse exister dans la mémoire (Harmony memory 'HM'), la nouvelle harmonie sera incluse dans la HM et l'autre exclue. Cette procédure est répétée jusqu'à ce que la meilleure harmonie soit acquise.

En optimisation réelle, chaque musicien peut être remplacé par une variable de décision, et ses tons sonores préférés peuvent être remplacés par des valeurs préférées de chaque variable. Si chaque variable de décision représente le diamètre chainé d'un arc entre deux nœuds, elle a un certain nombre de diamètres préférés. Et si la première variable choisit {100mm} de {100 mm ,300 mm ,500 mm}, la seconde {500 mm} de {700 mm ,500 mm ,200 mm} et la troisième {400 mm} de {600 mm ,400 mm ,100 mm}, les valeurs (100 mm ,500 mm ,400 mm), représentent un autre vecteur de solutions. Et si ce nouveau vecteur est mieux que celui qui existe dans la HM, le nouveau vecteur sera inclus dans la HM et l'autre exclu. Cette procédure est répétée jusqu'à ce qu'un certain critère de terminaison soit rempli.

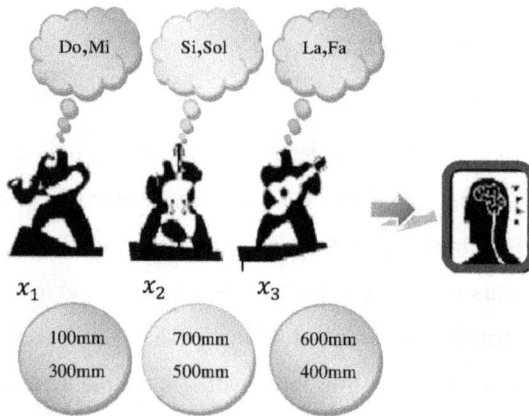

Figure 5-2 Structure de la mémoire d'harmonie (HM).

Quand un musicien improvise un lancement, habituellement, il suit l'une des trois possibilités :

• Un lancement de sa mémoire ;

• Un lancement adjacent d'un lancement de sa mémoire ;

un lancement totalement aléatoire de la gamme saine et possible.

De même, quand chaque variable de décision choisit une valeur dans l'algorithme HS, elle suit l'une des trois règles [101] :

Choix de toute une valeur de la mémoire de HS (définie comme considération de mémoire) ;

Choix d'une valeur adjacente d'une mémoire de HS (définie comme un lancement adjacent) ;

Choix aléatoire (définie comme randomisation).

Les trois règles dans l'algorithme de HS sont effectivement dirigées en utilisant deux paramètres : HMCR ; le taux de considération de la mémoire d'harmonie (Harmony Memory Considering Rate en anglais) et PAR ; le taux d'ajustement du lancement (Pitch Adjusting Rate en anglais) [100].

Les procédures de l'algorithme HS comprennent les cinq étapes suivantes :

- Initialisation du problème d'optimisation et des paramètres d'algorithme.
- Initialisation de la mémoire d'harmonie (HM).
- Improvisation d'une nouvelle harmonie à partir de la mémoire d'harmonie.
- Mise à jour de la mémoire d'harmonie.
- Répétition des étapes 3 et 4 jusqu'à ce que le critère d'arrêt soit satisfait.

Etape 1 | Etape 2

Initialisation du problème d'optimisation et des paramètres de l'algorithme .Pour minimiser la fonction objective $f(x)$

Spécification de chaque variable de décision, la taille de la mémoire d'harmonie **HMS**, le taux de considération de mémoire **HMCR**, le taux d'ajustement du lancement **PAR** et le critère d'arrêt.

Initialisation de la mémoire d'harmonie (HM)

Génération de l'harmonie initiale

Nombre aléatoire

HMCR, PAR

Stockées par les valeurs de la fonction objective $f(x)$

Stop

Etape 5

Oui

No

Critère d'arrêt est

No

Une nouvelle harmonie est meilleure que l'harmonie

Etape 4

Mise à jour d'HM

Oui

Etape 3

0Improvisation d'une nouvelle harmonie à partir de HM en se basant sur les trois règles :
*Considération de mémoire.
*L'ajustement du lancement.
*Choix aléatoire.

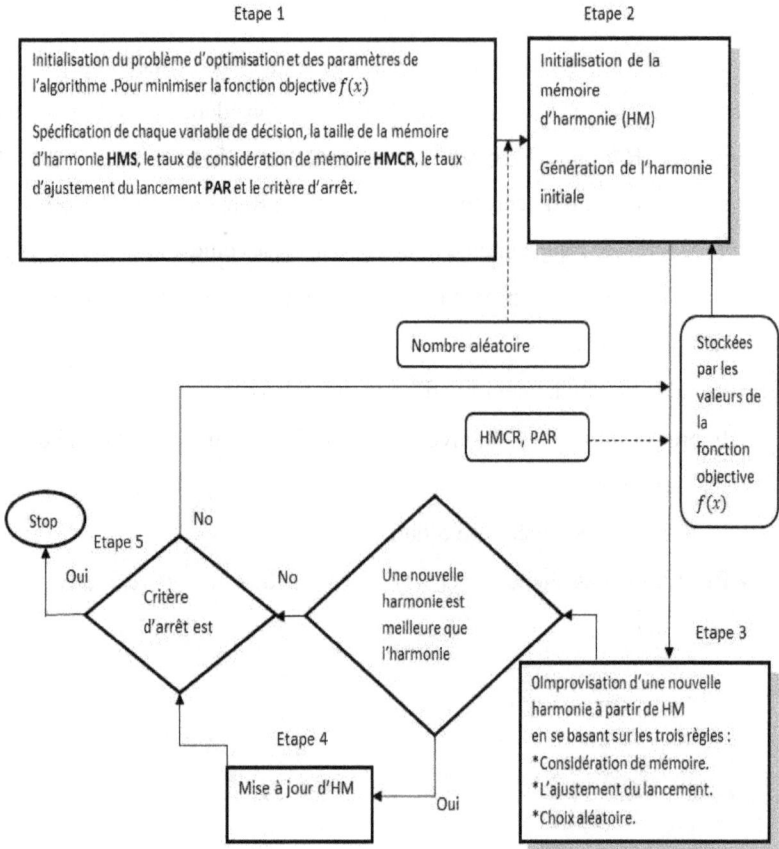

Figure 5-3 Les procédures d'optimisation de l'algorithme HS.

5.3.2. Étapes de l'algorithme de HS

Étape 1 : Initialisation du problème d'optimisation et des paramètres d'algorithme.

D'abord, le problème d'optimisation est spécifié comme suit :

$$\text{Minimise } f(x) \quad \text{Avec } x_i \in X_i, i = 1,2, \ldots, N$$

$f(x)$: est la fonction objective ;

x : est l'ensemble de chaque variable de conception x_i ;

X_i : est l'ensemble de valeurs de la gamme possible pour chaque variable de conception, avec : $Lx_i \leq X_i \leq Ux_i$,

Lx_i et Ux_i sont respectivement les limites inferieures et supérieures.

N : est le nombre des variables de conception.

Les paramètres de l'algorithme HS sont également spécifiés dans cette étape :

La taille de la mémoire d'harmonie (le nombre de vecteurs de solution dans HM) (Harmony Memory Size en anglais HMS) ;

Considérant la mémoire d'harmonie par le taux, HMCR ;

Ajustant le lancement par le taux, PAR ;

Critère d'arrêt (nombre maximum des recherches) ;

Le HMCR et le PAR sont des paramètres qui sont utilisés pour improviser un vecteur de solution.

Étape 2 : Initialisation de la mémoire d'harmonie HM.

La matrice de la mémoire d'harmonie est remplie par des vecteurs de solution et assortie par les valeurs de la fonction objective $f(x_i)$.

$$HM = \begin{bmatrix} x_1^1 & x_2^1 & \cdot \quad \cdot & x_{N-1}^1 & x_N^1 \\ x_1^2 & x_2^2 & & x_{N-1}^2 & x_N^2 \\ & \cdot & \cdot \cdot & \cdot & \cdot \\ x_1^{HMS-1} & x_2^{HMS-1} & \cdot \cdot \cdot & x_{N-1}^{HMS-1} & x_N^{HMS-1} \\ x_1^{HMS} & x_1^{HMS} & \cdot \quad \cdot & x_1^1 & x_N^{HMS} \end{bmatrix} \begin{matrix} \Rightarrow f(x^1) \\ \Rightarrow f(x^2) \\ \Rightarrow \cdot \cdot \cdot \\ \Rightarrow f(x^{HMS-1}) \\ \Rightarrow f(x^{HMS}) \end{matrix}$$

Cette mémoire d'harmonie initiale est produite d'une distribution uniforme dans la gamme $[Lx_i, Ux_i]$, avec $1 \leq i \leq N$. Cela est fait comme suit :

$$x_i^j = Lx_i + r * (Ux_i - Lx_i) \ , \ j = 1,2, \dots, HMS$$

$r \sim U(0,1)$ et ^{U} est un nombre uniforme aléatoire.

Étape 3 : Improvisation d'une nouvelle harmonie à partir de HM

Un nouveau vecteur d'harmonie $x' = (x_1', x_2', \dots, x_N')$, est produit et basé sur trois règles :

Les considérations de la mémoire ;

Les ajustements du lancement,

Choix aléatoire.

Par exemple, la valeur de la première variable de conception (x_1') pour le nouveau vecteur peut être choisie de n'importe quelles valeurs de la gamme$(x_1^1 : x_1^{HMS})$.

Les valeurs des autres variables de conception (x_i') peuvent êtres choisies de la même manière. Ici il est possible de choisir la nouvelle valeur en utilisant le paramètre HMCR, qui varie entre le 0 et 1 ; comme suit :

$$x_i' \leftarrow \begin{cases} x_i' \in \{x_i^1 ; x_i^2 ; \dots \dots \dots x_i^{HMS}\} \text{ avec la probabilité HMCR} \\ x_i' \in X_i \dots \dots \dots \dots \text{ avec la probabilité } (1 - HMCR) \end{cases}$$

Le HMCR est le taux du choix d'une valeur parmi les valeurs historiques stockées dans HM, alors que (1-HMCR) est le taux du choix aléatoire d'une valeur à partir de la gamme possible de valeurs (valeur qui n'est pas limité à celles stockées dans HM).

Par exemple ; pour HMCR=0.95 indique que l'algorithme HS prend la valeur de variable de conception des valeurs stockées dans la mémoire d'harmonie(HM) avec une probabilité de 95%, et de la gamme faisable entière (gamme possible de valeurs) avec une probabilité de 5%.

Dans le nouveau vecteur d'harmonie $x' = (x_1', x_2', \dots, x_N')$, n'importe quel composant obtenu par la considération de mémoire est examiné pour déterminer s'il devrait être ajusté pour le lancer. Cette opération utilise le paramètre PAR.

La décision d'ajustement pour x_i'

$$\leftarrow \begin{cases} \text{Oui, avec la probabilité: PAR} \\ \text{Non, avec la probabilité: } (1 - \text{PAR}) \end{cases}$$

Le lancement ajustant le processus est exécuté seulement après qu'une valeur soit choisie de HM. La valeur (1-PAR) place le taux de ne rien faire.

Une valeur de PAR qui est égale à 0.3 indique que l'algorithme choisira une valeur voisine avec 30%*HMCR probabilité. Si la décision d'ajustement de lancement est Oui, et x_i' est assumé pour être $x_i'(k)$, c'est-à-dire le $k^{ième}$ élément (l'élément k dans X_i), la valeur de lancement ajustée $x_i(k)$ est : $x_i' \rightarrow x_i' + \alpha$

Avec α est la valeur de $bw \times U(-1,1)$, bw est une largeur de bande de distance arbitraire pour la variable de conception continue et $U(-1,1)$ est une distribution uniforme entre -1 et 1.

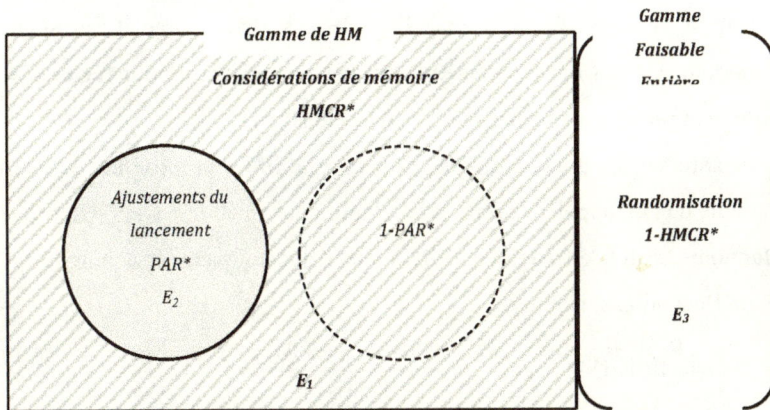

Figure 5-4 Concept de d'improvisation d'une nouvelle harmonie

$$P(E_1) = HMCR * (1 - PAR)$$
$$P(E_2) = HMCR * PAR$$
$$P(E_3) = 1 - HMCR$$

$P(E_1)$, $P(E_2)$ et $P(E_3)$: la probabilité d'improviser une nouvelle harmonie par les considérations de mémoire (E_1), ajustement du lancement (E_2) et randomisation (E_3).

Étape 4 : Mise à jour de la mémoire d'harmonie

Si le nouveau vecteur d'harmonie $x' = (x'_1, x'_2, ..., x'_N)$ est meilleur que le plus mauvais vecteur d'harmonie dans HM, en termes de valeur de fonction objective, la nouvelle harmonie est incluse dans HM et la mauvaise harmonie existante est exclue.

Étape 5 : Vérification du critère d'arrêt

Les calculs sont terminés quand le critère d'arrêt est satisfaisant (le nombre d'improvisation 'NI' est atteint). Sinon, les étapes 3 et 4 sont répétées.

Les paramètres HMCR et PAR de HS aident la méthode dans la recherche pour améliorer les solutions globalement et localement respectivement. PAR et bw ont un effet profond sur la performance de HS.

Ainsi, le réglage d'accord excellent de ces deux paramètres est très important. De ces deux paramètres, bw est plus difficile pour régler parce qu'il peut prendre n'importe quelle valeur de $(0, \infty)$.

Pour adresser les défauts du HS, Mahdavi (2007) a proposé une nouvelle variante du HS, appelée la recherche d'harmonie améliorée (IHS) (Improved Harmony Search en anglais). L'IHS met dynamiquement à jour le PAR selon l'équation suivante :

$$PAR(t) = PAR_{min} + \frac{(PAR_{max} - PAR_{min})}{NI} \times t \qquad (4.1)$$

Avec :

$PAR(t)$: est le taux d'ajustement du lancement pour la génération ^{t} ;

PAR_{min} : est le taux d'ajustement du lancement minimum ;

PAR_{max} : est le taux d'ajustement du lancement maximum ;

NI : est le nombre de générations (improvisations) ;

t : est le numéro de génération (improvisation).

De plus, *bw* est dynamiquement mis à jour comme suit :

$$bw(t) = bw_{max} \times e^{\left(\frac{\ln\left(\frac{bw_{min}}{bw_{max}}\right)}{NI} \times t\right)} \tag{4.1}$$

Avec :

bw(t) : est une largeur de bande de distance arbitraire pour l'improvisation

bw_{max} : est une largeur de bande de distance arbitraire maximum.

bw_{min} : est une largeur de bande de distance arbitraire minimum.

5.4. OPTIMISATION PAR LA MÉTHODE PARALLEL ASYNCHRONOUS PSO :

La méthode Particle Swarm Optimization 'PSO' (essaim de particules) est une méthode d'optimisation stochastique, pour les fonctions non-linéaires, basée sur la reproduction d'un comportement social et développée par le Dr. EBERHART et le Dr. KENNEDY en 1995.L'origine de cette méthode vient des observations faites lors des simulations informatiques de vols groupés d'oiseaux et de déplacements de bancs de poissons . Ces simulations ont mis en valeur la capacité des individus d'un groupe en mouvement à conserver une distance optimale entre eux et à suivre un mouvement global par rapport aux mouvements locaux de leur voisinage. D'autre part, ces simulations ont également révélé l'importance du mimétisme dans la compétition qui oppose les individus à la recherche de la nourriture. En effet, les individus sont à la recherche de sources de nourriture qui sont dispersées de façon aléatoire dans un espace de recherche, et dès qu'un individu localise une source de nourriture, les autres individus vont alors chercher à l'imiter.

Ce comportement social basé sur l'analyse de l'environnement et du voisinage constitue alors une méthode de recherche d'optimum par l'observation des tendances des individus voisins. Chaque individu cherche à optimiser ses chances en suivant une tendance qu'il modère par ses propres vécus.

5.4.1. **Applications**

Les essaims de particules (Particle Swarm) sont essentiellement utilisés afin de trouver l'optimum de fonctions non-linaires. Pour cette raison, cette méthode est utile pour optimiser l'entraînement des réseaux de neurones.

5.4.2. **Présentation de la méthode**

5.4.2.1. **Principe**

L'optimisation par essaim de particules (Particle Swarm Optimisations) repose sur un ensemble d'individus originellement disposés de façon aléatoire et homogène, que nous appellerons dès lors des particules qui se déplacent dans l'hyper-espace de recherche et constituent, chacune, une solution potentielle.

Chaque particule dispose d'une mémoire concernant sa meilleure solution visitée ainsi que la capacité de communiquer avec les particules constituant son entourage. À partir de ces informations, la particule va suivre une tendance faite, d'une part, de sa volonté à retourner vers sa solution optimale, et d'autre part, de son mimétisme par rapport aux solutions trouvées dans son voisinage [92,93,94,95].

À partir d'optimums locaux et empiriques, l'ensemble des particules va, normalement, converger vers la solution optimale globale du problème traité.

5.4.2.2. Formalisation

Un essaim de particules est caractérisé par :

- le nombre de particules de l'essaim, noté nb ;
- la vitesse maximale d'une particule, notée $\vec{V}_{max}$
- la topologie et la taille du voisinage d'une particule qui définissent son réseau social.
- l'inertie d'une particule, notée Ψ ;
- les coefficients de confiance, notés ρ_1 et ρ_2, qui pondèrent le comportement conservateur (c'est à dire la tendance à retourner vers la meilleure solution visitée) et le panurgisme (c'est à dire la tendance à suivre le voisinage).

Une particule est caractérisée, à l'instant t, par :

$\vec{x}_i(t)$: Sa position dans l'espace de recherche ;

$\vec{V}_i(t)$: Sa vitesse ;

$\vec{x}_{pbest_i}$: La position de la meilleure solution par laquelle elle est passée ;

$\vec{x}_{Vbest_i}$: La position de la meilleure solution connue de son voisinage ;

$pbest_i$: La valeur de fitness de sa meilleure solution ;

$vbest_i$: La valeur de fitness de la meilleure solution connu du voisinage ;

Algorithme 1 : Version simpliste (Sans voisinage)

Entrées : $0 < \rho < 1$

Répéter

Pour i $= 1$ jusqu'à nb faire

Si $F(\vec{x}_i) > pbest_i$ Alors

$pbest_i = F(\vec{x}_i)$

$\vec{x}_{pbest_i} = \vec{x}_i$

Fin si

$\vec{V}_i = \vec{V}_i + \rho(\vec{x}_{pbest_i} - \vec{x}_i)$

$$\vec{x}_i = \vec{x}_i + \vec{V}_i$$

Fin pour

Jusqu'à (un des critères de convergence est atteint)

5.4.2.3. Configuration de la méthode

5.4.2.3.1. Nombre de particules

La quantité de particules allouées à la résolution du problème dépend essentiellement de deux paramètres :

La taille de l'espace de recherche et le rapport entre les capacités de calcul de la machine et le temps maximum de recherche. Il n'y a pas de règle pour déterminer ce paramètre, faire de nombreux essais permet de se doter de l'expérience nécessaire à l'appréhension de ce paramètre.

5.4.2.3.2. Topologie du voisinage

La topologie du voisinage défini avec qui chacune des particules va pouvoir communiquer. Il existe de nombreuses combinaisons dont les suivantes sont les plus utilisées:

Topologie en anneau : chaque particule est reliée à n particules (en général, n = 3), c'est la topologie la plus utilisée.

Topologie en rayon : les particules ne communiquent qu'avec une seule particule centrale.

Topologie en étoile : chaque particule est reliée à toutes les autres, c'est à dire l'optimum du voisinage est l'optimum global ;

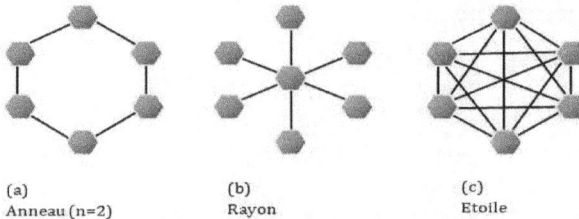

(a)
Anneau (n=2)

(b)
Rayon

(c)
Etoile

Figure 5-5 Topologie du voisinage [91,96].

Figure 5-6 Topologie du voisinage.

Le voisinage géographique auquel nous sommes amenés à penser en premier lieu n'est pas nécessairement pertinent car, d'une part, il s'agirait d'un voisinage trop local, et d'autre part car la sociabilisassions des particules tend à rendre tout voisinage social en voisinage géographique. Enfin, c'est un voisinage très lourd en terme de calculs car nécessitant de recalculer le voisinage de chaque particule à chaque itération.

5.4.2.3.3. Coefficients de confiance

Les variables de confiance pondèrent les tendances de la particule à vouloir suivre son instinct de conservation ou son panurgisme. Les variables aléatoires ρ_1 et ρ_2 peuvent être définies de la façon suivante :

$$\begin{cases} \rho_1 = r_1.c_1 \\ \rho_2 = r_2.c_2 \end{cases} \tag{4.1}$$

Où r_1 et r_2 suivent une loi uniforme sur $[0,1]$ et c_1 et c_2 sont des constantes positives déterminées de façon empirique et suivant la relation $c_1 + c_2 \leq 4$

5.4.2.3.4. Vitesse maximale et coefficient de constriction

Afin d'éviter que les particules ne se déplacent trop rapidement dans l'espace de recherche, passant éventuellement à côté de l'optimum, il peut être nécessaire de fixer une vitesse maximale (notée $\vec{V}_{max}$) pour améliorer la convergence de l'algorithme.

Cependant, on peut s'en passer si on utilise un coefficient de constriction k (introduit par Maurice CLERC [92.93.94]) et qui permet de resserrer l'hyper-espace de recherche.

L'équation de la vitesse devient alors :

$$k = 1 - \frac{1}{\rho} + \frac{\sqrt{|\rho^2 - 4\rho|}}{2} \tag{4.1}$$

Avec :

$\rho = \rho_1 + \rho_2 > 4$

$$\vec{V}_i(t) = k.\left(\vec{V}_i(t-1) + \rho_1.\left(\vec{x}_{pbest_i} - \vec{x}_i(t)\right) + \rho_2.\left(\vec{x}_{vbest_i} - \vec{x}_i(t)\right)\right) \quad (4.1)$$

Les études de SHI et EBERHART indiquent que l'utilisation d'un coefficient de constriction donne généralement un meilleur taux de convergence sans avoir à fixer de vitesse maximale. Cependant, dans certains cas, le coefficient de constriction seul ne permet pas la convergence vers la solution optimale pour un nombre d'itérations donné. Pour résoudre ce problème, il peut être intéressant de fixer $\vec{V}_{max} = \vec{x}_{max}$ en plus du coefficient de constriction, ce qui, selon les études de SHI et EBERHART, permet d'améliorer les performances globales de l'algorithme.

5.4.2.3.5. Facteur d'inertie

Le facteur d'inertie Ψ (introduit par SHI et EBERHART) permet de définir la capacité d'exploration de chaque particule en vue d'améliorer la convergence de la méthode. Une grande valeur de Ψ (> 1) est synonyme d'une grande amplitude de mouvement et donc, d'exploration globale. Au contraire, une faible valeur de Ψ (< 1) est synonyme de faible amplitude de mouvement et donc, d'exploration locale. Fixer ce facteur, revient donc à trouver un compromis entre l'exploration locale et l'exploration globale. Le calcul de la vitesse est alors défini par :

$$\vec{V}_i(t) = \Psi.\vec{V}_i(t-1) + \rho_1.\left(\vec{x}_{pbest_i} - \vec{x}_i(t)\right) + \rho_2.\left(\vec{x}_{vbest_i} - \vec{x}_i(t)\right) \quad (4.1)$$

La taille du facteur d'inertie influence directement la taille de l'hyper-espace exploré et aucune valeur de Ψ ne peut garantir la convergence vers la solution optimale.

Les études menées par SHI et EBERHART indiquent une meilleure convergence pour $\Psi \in [0.8 , 1.2]$. Au delà de 1.2, l'algorithme tend à avoir certaines difficultés à converger [19,92,93,94,96] .

5.4.2.3.6. Initialisation de l'essaim

La position des particules ainsi que leur vitesse initiale doivent être initialisés aléatoirement selon une loi uniforme sur [0,1]. Cependant, en ce qui concerne la position des particules, il est préférable d'utiliser un générateur de séquence de SOBOL qui est plus pertinent dans la disposition homogène des particules dans un espace de dimension n.

5.4.2.3.7. Critères d'arrêt

Comme indiqué précédemment, la convergence vers la solution optimale globale n'est pas garantie dans tous les cas de figure même si les expériences dénotent la grande performance de la méthode. De ce fait, il est fortement conseillé de doter l'algorithme d'une porte de sortie en définissant un nombre maximum d'itérations (que nous noterons $nbIter_{max}$).L'algorithme doit alors s'exécuter tant que l'un des critères de convergence suivant n'a pas été atteint :

- $nbIter_{max}$ a été atteint ;
- la variation de la vitesse est proche de 0 ;
- le fitness de la solution est suffisant.

5.4.2.4. Algorithme de synthèse

Le premier algorithme ne prend pas en compte le voisinage, puisqu'on utilise uniquement l'amélioration obtenue sur la particule elle-même. En considérant un voisinage en étoile l'algorithme 1 devient 2.

Algorithme 2 : Version simpliste (Avec voisinage)

Répéter

Pour

i = 1 jusqu'à nb **faire**

Si $F(\vec{x}_i) >$ pbest$_i$ **Alors**

Pbest$_i = F(\vec{x}_i)$

$$\vec{x}_{pbest_i} = \vec{x}_i$$

Fin si

Si $F(\vec{x}_i) >$ vbest$_i$ **Alors**

vbest$_i = F(\vec{x}_i)$

$\vec{x}_{vbest_i} = \vec{x}_i$

Fin si

Fin pour

Pour

i = 1 jusqu'à nb **faire**

$$\vec{V}_i(t) = k.\left(\vec{V}_i + \rho_1.\left(\vec{x}_{pbest_i} - \vec{x}_i\right) + \rho_2.\left(\vec{x}_{vbest_i} - \vec{x}_i\right)\right)$$

$\vec{x}_i = \vec{x}_i + \vec{V}_i$

Fin pour

Jusqu'à (un des critères de convergence est atteint)

Tandis que plusieurs modifications à l'algorithme original PSO ont été faites pour augmenter la robustesse et la puissance de calcul, un des principaux problèmes est de savoir si une synchrone ou asynchrone approche est utilisée pour mettre à jour les positions et les vitesses des particules. L'algorithme séquentiel synchrone PSO fait la mis à jour à la fin de chaque itération d'optimisation, par contre l'algorithme asynchrone met à jour les positions et les vitesses continuellement basées sur l'information disponible actuellement.

Initialiser l'optimisation

Initialiser les constants d'algorithme

Initialiser aléatoirement touts les positions et les vitesses des particules

Exécuter l'optimisation

Pour k = 1 jusqu'à le nombre d'itérations

Pour i = 1 jusqu'à le nombre de particules

Evaluer l'analyse de la fonction $F\left(x_k^i\right)$

Convergence de contrôle

Mettre à jour $\vec{x}_{pbest_i}$, $\vec{x}_{vbest_i}$ et les positions et les vitesses $\vec{x}_i$ et $\vec{V}_i$.

Fin pour

Fin pour

Résultat

Figure 5-7 Pseudo-code de l'algorithme de PAPSO

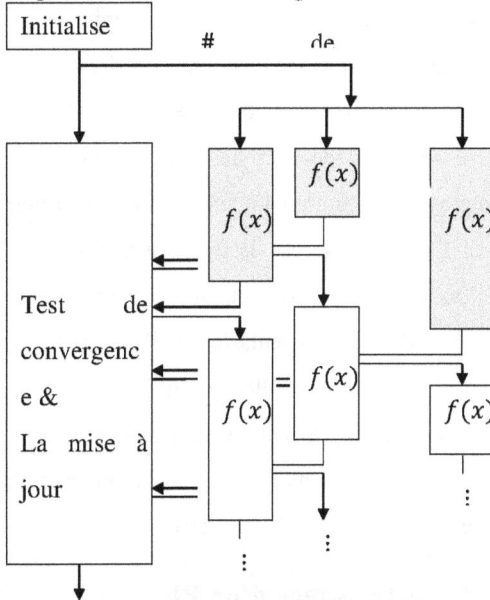

Figure 5-8 Block diagramme pour l'algorithme Parallel Asynchronous PSO.

5.5. Formulation mathématique du problème

L'énoncé du problème consiste à minimiser deux fonctions multi objectifs interprétant le coût de combustible pour la production d'énergie électrique et le taux d'émission de gaz. Les deux fonctions sont réunies en une fonction unique grâce à un facteur d'hybridation pour une même centrale.

5.6. Optimisation des Gains du PI par l'algorithme de harmony search et parallel asynchronous PSO

5.6.1. Introduction

Le régulateur PI (Proportionnel, Intégral) est encore largement utilisé dans le milieu industriel malgré l'émergence d'autres méthodes de régulation. Ce régulateur linéaire est basé sur une structure très simple dont le fonctionnement ne dépend que de deux coefficients, qui sont les gains appliqués sur les signaux proportionnel (Kp), intégral (Ki). De nombreuses méthodes de réglage statique d'un PI ont été décrites dans la littérature, la plus connue étant certainement la méthode de Ziegler-Nichols [65].

Dans chacune de ces méthodes, les deux gains sont fixés en suivant une procédure de réglage qui garantit un fonctionnement optimal selon un ou plusieurs critères. Dans tous les cas, la fonction de transfert du régulateur PI reste linéaire. Plus récemment, des auteurs ont proposé des méthodes de réglage dynamique des coefficients d'un PI et ils montrent que les performances sont d'autant meilleures qu'on utilisant les méthodes classiques, telle que le correcteur flou. Dans ce chapitre nous allons présenter l'optimisation des gains d'un PI par la méthode des PSO qui a été décrite par plusieurs auteurs [98, 99, 100,101].

5.6.2. indices de performance d'un PI

Le régulateur PID est un système linéaire du premier ordre à une entrée et une sortie, dont la fonction de transfert dans le domaine de Laplace est donnée par l'équation (3.21).

Afin de définir la qualité de la régulation, on se base en général sur l'analyse de la réponse indicielle de l'ensemble régulateur PI plus système. Différents indices de performance peuvent être évalués à partir de cette réponse temporelle.

De façon générale, on cherche à quantifier la différence entre la réponse réelle du système asservi et une réponse idéale qui serait un échelon. Les indices couramment utilisés sont définis de la façon suivante :

5.6.3. <u>Pourcentage de dépassement « D »</u>

Avant de se stabiliser, la sortie du système passe par un régime transitoire oscillant de part et d'autre de la valeur finale. On définit le pourcentage de dépassement par :

$$d\% = \frac{y_{max} - y_{ref}}{y_{max}} \tag{7.4}$$

5.6.4. <u>Intégrales faisant intervenir l'erreur</u>

Pour évaluer la différence existant entre la réponse réelle et une réponse idéale de type échelon, on peut calculer l'intégrale d'un terme positif faisant intervenir l'erreur. Un indice calculé de cette façon prend une valeur d'autant plus élevée que la réponse réelle est éloignée de la réponse idéale. En pratique, l'intégrale est calculée sur un intervalle [0, T] suffisamment étendu pour contenir tout le régime transitoire.

L'erreur e(t) = y(t) - u(t) ; ou y(t) : signal de sortie, u(t) : signale d'entrée L'intégrale de la valeur absolue de l'erreur e(t) est donnée par :

$$IEA = \int e(t).dt \tag{7.4}$$

Cet indice exprime la surface générée par la différence entre la valeur de consigne et la valeur réelle. On utilise également l'intégrale de l'erreur quadratique, définie par :

$$IEA = \int e^2(t).dt \tag{7.4}$$

Pour pénaliser les systèmes dont le régime transitoire dure trop longtemps, on utilise également l'intégrale du produit de l'erreur par le temps, donnée par :

$$ITAE = \int te(t).dt \tag{7.4}$$

Et également l'intégrale du produit de l'erreur quadratique par le temps, donnée
par :

$$ISTE = \int te^2(t).dt \tag{7.4}$$

Dans [75], on peut trouver une liste plus complète de mesures de performances d'un système asservi. Dans notre étude, nous nous sommes limités aux quatre dernier indices de performance (IAE, ISE, ITAE et ISTE) définis ci-dessus. Pour notre étude nous avons choisi de minimiser l'erreur e(t)entre la vitesse de référence et la vitesse réelle de la machine selon les critères définis par les équations (7.4), (7.5), (7.6), (7.7)[98,99].

$$min_K W(K) = \left(1 - e^{-\beta}\right).\left(M_p + E_{ss}\right) + e^{-\beta}.(t_s - t_r) \tag{7.5}$$

Avec K est [P, I, D], et β est un facteur. L'indice de performance W(K) peut satisfait le comportement du système pour une valeur de du facteurβ. β peut prend une valeur supérieure à 0.7 pour réduire le dépècement et l'erreur statique, aussi il peut avoir une valeur inférieure de 0.7 pour réduire le temps de monté et le temps de stabilisation de system [13]. La valeur optimale β varie selon le choix des caractéristiques de système. Dans notre simulation nous avions choisis $\beta = 0.5$ pour une meilleure réponse en vitesse [101].

La fonction fitness est la fonction réciproque de critère de performance :

$$f = \frac{1}{W(K)} \tag{7.6}$$

Pour la mise en œuvre informatique nous avons exploité les équations (7.4) et (7.5) pour le développement d'un programme sous MATLAB qu'on peut le schématiser sous l'organigramme présenté par la figure (7.7), avec l'intégration des PSO dans le schéma fonctionnel de la commande vectorielle figure (7.8).

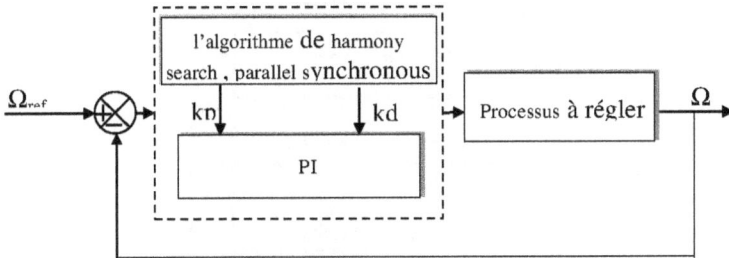

Figure 5-9 Bloc diagramme d'implantation des PSO pour l'ajustement du PI.

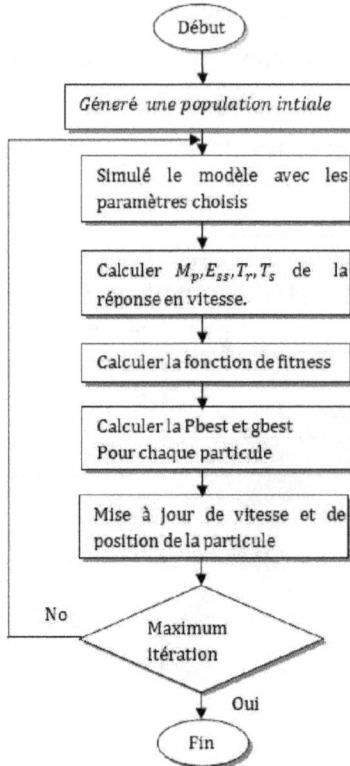

Figure 5-10 L'implémentation des PSO

L'implémentation des PSO a été effectuée en se référant à l'organigramme suscité dans la figure 5.10.

5.7. Simulation Et Résultats

Afin d'optimiser les paramètres du contrôleur de vitesse. On soumet le modèle de la figure 5.11 à un trajet décrite dans figure 5.12 les résulta suivants sont simulé dans l'environnent MATLAB (SIMULINK). L'état de charge de la batterie Ni-MH est de 70%.

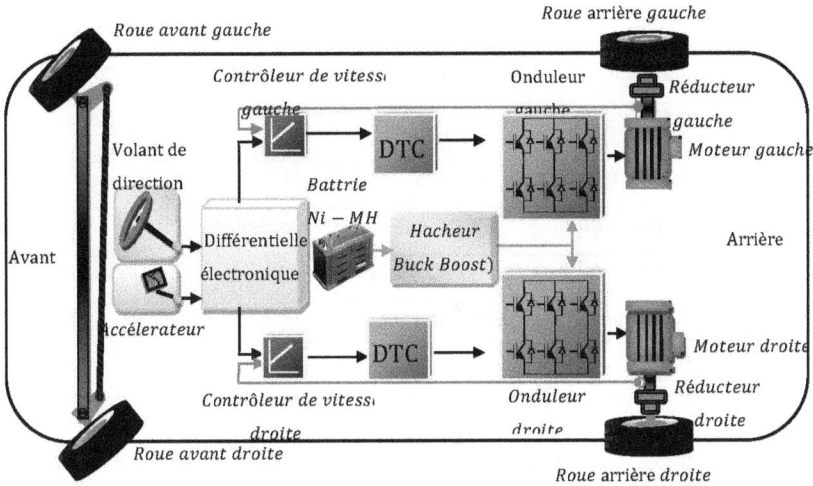

Figure 5-11 Systéme de propulsion uitlisé

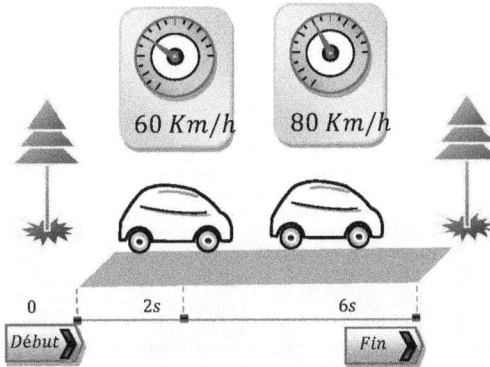

Figure 5-12 Topologie de la route pour l'essai 1.

En appliquant l'algorithme de harmony search et parallel asynchronous PSO pour l'optimisation des paramètres du contrôleur de vitesse PI on obtient les coefficients des régulateurs pour les différents cas .Les valeur sont présenté sur le tableau ci-dessous.

Tableau 5-1 Coefficient des régulateurs pour les différents cas.

Coefficient des régulateurs	Kp	Ki
PI classique	30	200
PI optimisé par Harmony search	25.24	185.13
PI optimisé par parallel synchronous PSO	23.12	187.10

Sur la figure 5.13 en présente la réponse en vitesse du notre système de propulsion, résultat donné par le graphe des vitesses. Il est à noter que pour chaque exécution on a des coefficients différents et non semblable à ceux déjà trouvé auparavant.

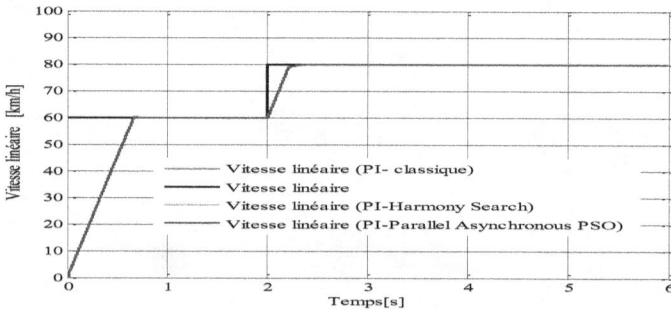

Figure 5-13Test de robustesse par changement de vitesse pour les trois régulateurs PI-classique , PI –Harmony search – Paralle asynchroneus.

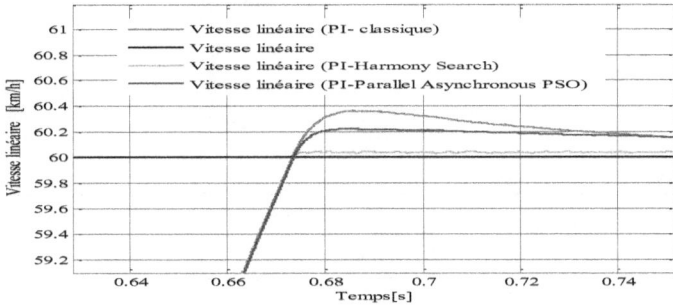

Figure 5-14 Zoome1 sur test de robustesse par changement de vitesse pour les trois régulateurs PI-classique , PI –Harmony search – Paralle asynchroneus.

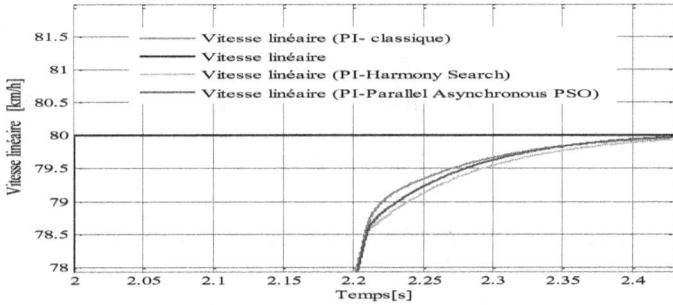

Figure 5-15 Zoome1 sur test de robustesse par changement de vitesse pour les trois régulateurs PI-classique ,

PI –Harmony search – Paralle asynchroneus.

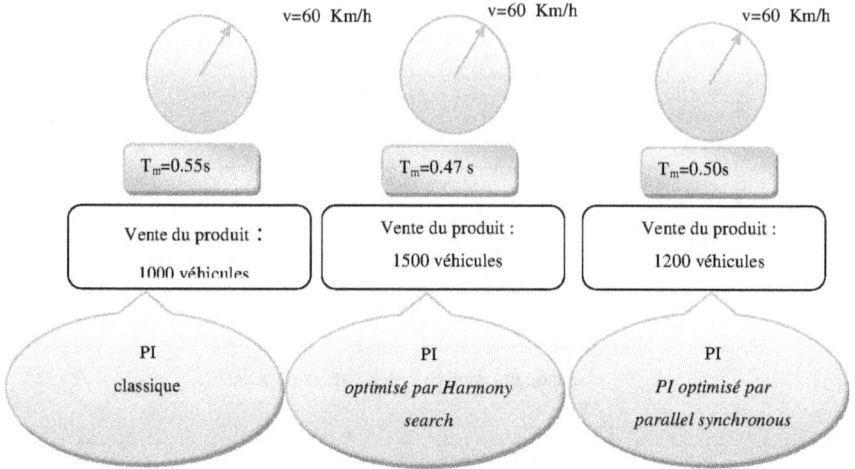

v=60 Km/h	v=60 Km/h	v=60 Km/h

T_m=0.55s	T_m=0.47 s	T_m=0.50s

Vente du produit : 1000 véhicules	Vente du produit : 1500 véhicules	Vente du produit : 1200 véhicules

PI classique	PI optimisé par Harmony search	PI optimisé par parallel synchronous

Figure 5-16 Exemple de commercialisation desvehicule électriques pour les diffrents cas.

Figures 5.16, 5.17 et 5.18 décrite l'évaluation de couple aérodynamique durant le trajet du véhicule électrique pour chaque cas utilisé.

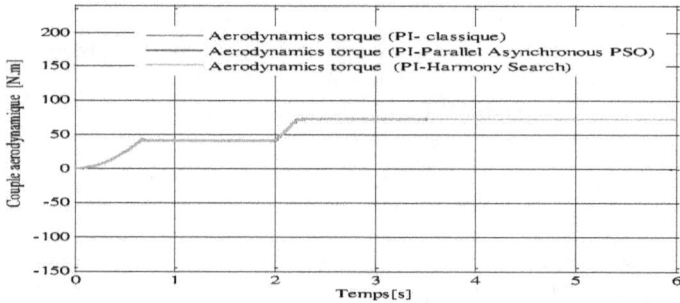

215

Figure 5-17 Couple aérodynamique pour les trois régulateurs PI-classique , PI –
Harmony search – Paralle asynchroneus.

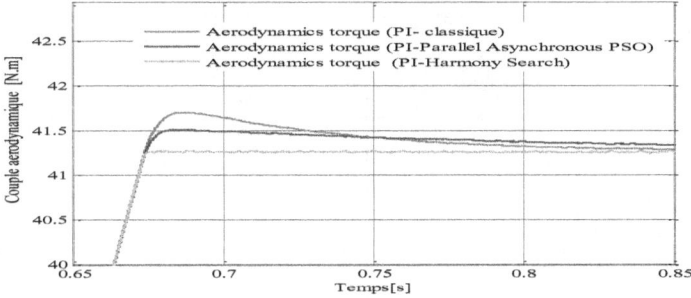

Figure 5-18 Zoome 1 du couple aérodynamique pour les trois régulateurs PI-classique ,
PI –Harmony search – Paralle asynchroneus.

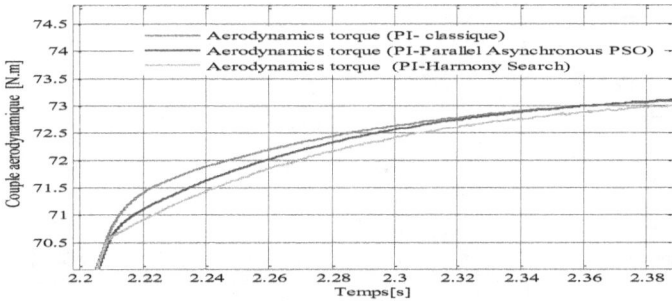

Figure 5-19 Zoome 2 du couple aérodynamique pour les trois régulateurs PI-classique ,
PI –Harmony search – Paralle asynchroneus.

Le couple aérodynamique est réduit pour le PI optimisé par
l'algorithme Harmony search par rapport au PI classique et le PI optimisé
par parallèle asynchronuese PSO. Ca valeur maximum est seulement
41.25N.m figure 5.18 tandis que le maximum pour le PI optimisé par
parallel asynchronuse PSO est de 41.5 N.m et 41.70 N.m pour le PI
classique .Cela signifier que PI optimisé par l'algorithme Harmony search à
réduire la section frontale du véhicule électrique de 1.10% par rapport au PI
classique.   Et 0.49% pour le cas du le PI optimisé par parallèle
asynchronuese PSO par rapport au PI classique.

Tableau 5-2 Tableaux récapitulative .

Controller	PI classique	PI optmisé par Harmony search	PI optmisé par parallel synchronous PSO
erreur de la vitesse linéaire [km/h]	0.13	0	0
Temps de monté [sec]	0.55	0.13	0.30
dépècement [%]	9.33	1.20	5.50
Couple aérodynamique [Nm]	41.95	41.25	41.50
Diminution de la section frontal. rate [%]	-	1.66	1.07
Estimation de la section frontale [m²]	2.66	2.61	2.63

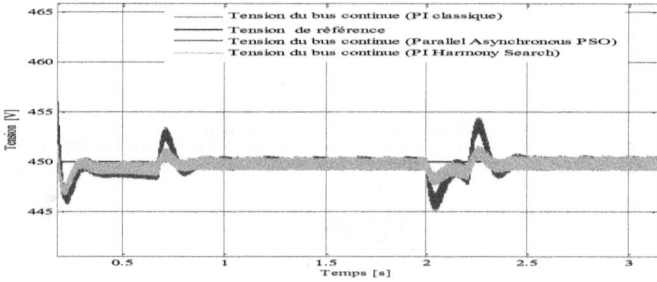

(a)

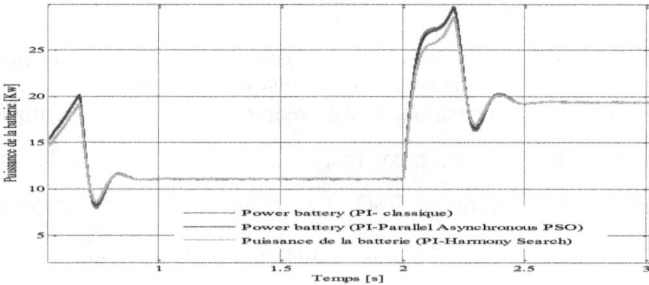

(b)

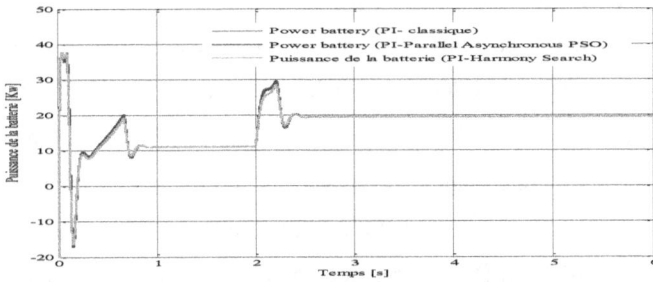

(c)

Figure 5-20 (a) Zomme 1 sur la tension du bus continue ,(b) Zomme 2 sur la tension du bus continue ,
(c) evalaution de la tension de bus continue durange les diffrents senarios .

La Table. 4-12 donner les ondulations de la tension dans les différents cas. L'ondulation de la tension augmentée avec l'augmentation de la vitesse .

Tableau 5-3 l'estimation du l'ondulation.

Controller de vitesse	Phase 2
PI classique	0.55
PI optimisé par Harmony search	0.42
PI optimisé par parallel synchronous PSO	0.50

5.8. <u>CONCLUSION</u>

Devant le succès rencontré par les algorithmes de Harmony search et Parallel Asynchrones PSO, de nombreuses pistes ont été envisagées. Particule d'essaim « Particle Swarm Optimisation » (PSO), son apparition, son principe de fonctionnement et ses différentes applications dans les divers domaines de l'industrie (traitement d'image, robotisation, domaine spatial et biomédical).Dans notre nous avions optimisé les paramètres du contrôleur de vitesse de type PI. L'application de l'algorithme de harmony search et parallel asynchronous PSO nous a permet d'obtenir une réponse ne vitesse sans dépècement, sans erreur satirique et avec un temps de montré très acceptable surtout pour la commercialisation des véhicules électriques. Tout ça nous a conduit à une diminution de la section frontal du véhicule électriques ça entre dans les études technico-économiques des véhicules électriques.

CONCLUSION

1. Travail Accompli

Dans ce travail, notre objectif a été d'étudier la simulation numérique sous MATALB d'un véhicule électrique à deux roues motrices arrières. Pour atteindre cet objectif, nous nous sommes appuyés sur la modélisation d'une motorisation asynchrone qui, après une étude bibliographique, nous a paru comme étant un bon compromis entre la performance et le coût.

Dans le contexte des problèmes de l'environnement et, plus particulièrement, ceux posés par la pollution dans les zones urbaines, un état de l'art sur les systèmes de propulsion électrique est présenté dans le premier chapitre. Ce dernier a souligné le rôle important joué par les transports dans l'aggravation de la pollution atmosphérique, et esquissé une description de certaines technologies émergentes tentant d'apporter des réponses à ce problème.

Le second chapitre constitue l'étape de modélisation de la chaîne de traction électrique commençant par le modèle de la machine asynchrone développé dans la base de Clarke ainsi que le modèle de l'onduleur commandé par MLI.

Le troisième chapitre est conçu à l'étude de commande directe du couple de la machine asynchrone ainsi que le principe d'orientation de flux rotoriques direct de la MAS. Elle nous a permis de montrer que le bon choix du modèle permet d'avoir un modèle aisément contrôlable ainsi une structure de commande assez puissante.

Afin d'avoir une bonne poursuite de vitesse et des performances dynamiques satisfaisantes mais aussi pour compenser rapidement l'effet des perturbations qui peuvent avoir lieu sur la chaîne de régulation. Le régulateur PI a été substitué pour leurs bonnes propriétés dynamiques.

Nous nous sommes ensuite intéressés à présenter dans le quatrième chapitre le stockage d'énergie au bord d'un véhicule électrique. On présentera un bref aperçue sur les piles a combustible. Une pile a combustible est un générateur qui convertit directement l'énergie interne d'un combustible (hydrogène, méthanol, etc.) en énergie électrique, en utilisant un procède électrochimique contrôle .Ensuit On a défini deux technologies différant tel que Lithium-ion et Nickel métal hydride. On a test la candidature de ces deux batterie on fait subir le véhicule a une topologie sévère.

Le cinquième chapitre exposera, deux algorithmes, l'algorithme de harmony search et parallel asynchrones PSO, l'algorithme de harmony search conceptualisé l'utilisation du processus musical pour un état parfait d'harmonie. Des répétitions musicales cherchent à trouver une harmonie agréable (état parfait) telle qu'elle est déterminée par une norme esthétique, tout comme le processus d'optimisation vise à trouver une solution globale (état parfait).La nouvelle technique d'optimisation parallèle asynchronous PSO, fondée sur la notion de coopération entre particules qui peuvent être vus comme des " «animaux» aux capacités assez limitées (peu de mémoire et de facultés de raisonnement). L'échange d'information entre eux fait que, globalement, ils arrivent néanmoins a résoudre des problèmes difficiles. Un exemple d'optimisation sera traite par implantation des deux techniques, dans le but d'optimiser les contrôleurs de type PI du véhicule électrique et minimisé le section frontal, afin d'avoir une commande robuste de la machine asynchrone commandée par DTC pour une meilleure performance de la chaine de traction électrique.

Perspectives

L'ensemble de nos réflexions et de nos études nous conduit à présenter quelques perspectives à ce travail.

L'implémentation de la méthode de commande DTC sur une carte de contrôle DSPACE serait intéressante.

Il est proposé une continuation de la recherche dans le domaine de la commande DTC basée sur la linéarisation entrée-sortie par l'utilisation de la méthode du backstepping.

L'emploie de l'apprentissage des réseaux neurones pour assurer la sécurité de véhicule pendant les manipulations fugitifs du conducteur.

BIBLIOGRAPHIE

[1]   S. TCHUNG-MING, S. VINOT, "Les Energies pour le Transport : Avantages & Inconvénients", Edition Panorama Centre de Recherche IFP, France, décembre 2008.

[2]   D.Benoudjit, "Contribution a l'optimisation et a la commande D'un système de propulsion Pour véhicule électrique",Thèse Doctorat Es-Science Université de Batna, Janvier 2010.

[3]   F. BADIN, "L'électrification du Transport Routier", Edition Agence Internationale de l'Energie & le Centre de Recherche IFP, France, janvier 2009.

[4]   G. PLOUCHART, "La Consommation d'Energie dans le Secteur du Transport", Edition Agence Internationale de l'Energie & le Centre de Recherche IFP, France, 2005.

[5]   K.Hartani." Commande de roues motrices d'un véhicule électrique" .Thése Magister.USTO .Octobre 2003..

[6]   C.C. CHAN, "The State of the Art of Electric and Hybrid Vehicles", Proceedings of the IEEE, Vol. 90, N° 2, pp. 247-275, February 2002.

[7]   C. CABAL, C. GATIGNOL, "La Définition & les Implications du Concept de Voiture Propre", Rapport Office Parlementaire d'Evaluation des Choix Scientifiques et Technologiques, Sénat session ordinaire N°125, pp. 01-379, France, 14 décembre 2005.

[8]   C.C. CHAN, "The State of the Art of Electric, Hybrid and Fuel Cell Vehicles", Proceedings of the IEEE, Invited paper, Vol. 95, N° 4, pp. 704-718, April 2007.

[9]   M. PORNIN "Traction électrique automobile routière ", Techniques de l'Ingénieur, Traité de Génie électrique, juin 1981.

[10]   Michel. Kant "La voiture électrique " Technique de l'ingénieur ; D5 560.

[11]   M. KANT " Motorisation d'un véhicule électrique ", Revue Générale de l'Electricité n°10/93, novembre 1993, pp.29-38.

[12]   Bernard MULTON, Laurent HIRSINGER " Problème De La Motorisation D'un Véhicule Electrique ", Ecole normale supérieure de Cachan, d1375Revue 3E.I n°5 mars 96 pp.55-64.
        Nobuyoshi. Mutoh, Takuro. Horigome, Kazuya. Takita "Driving Characteristics of an Electric Vehicle System with Independently Driven Front and Rear Wheels" , EPE 2003, Toulouse

[13]   J. CHAGETTE "Technique automobile, tome 2", Dunod, Bordas, Paris 1997.
        Guy. Grellet, Guy. Clerc « Actionneurs Electriques, Principes Modèles Commande », Eyrolles, deuxième tirage 2000.

[14]   Bernard MULTON, Laurent HIRSINGER " Problème De La Motorisation D'unVéhicule Electrique ", Ecole normale supérieure de Cachan, d1375Revue 3E.I n°5 mars 96 pp.55-64.

[15]   Dimosthenis. C. Katsis «development of a testbed for evaluation of electric vehicle drive performance», Thesis of the requirements for the degree of Masters of Science in Electrical Engineering, Virginia August 27, 1997.

[16]   AVERE, "Le moteur...", Outils et Solutions de Mobilite Urbaine Individuelle et Electrique, Document AVERE : Association Vehicule Electrique Routier Europeen, Source Internet : www.avere.org, 11 septembre 2000.

[17]   H.CHENNOUFI "Contribution à l' Etude de la Commande d'un Véhicule Electrique à Deux Roues Motrices", Thése Magistére, Ecole Militaire Polytechnique, Fevrier 2005.

[18]   Z. Q. ZHU, D. HOWE, "Electrical Machines and Drives for Electric, Hybrid and Fuel Cell Vehicles", Proceeding of the IEEE, Vol. 95, N°4, pp. 746-763, April 2007.

[19]   P.CHAPOULIE, "Modelisation Systematique Pour la Conception de Vehicules electriques multi-moteurs,These Doctorat ,institut nationale polytechnique de Toulouse,1999.

[20]   J. BELHADJ, "Commande Direct du Couple d'une Machine Asynchrone : Structures d'observation, Application aux systemes multimachines multiconvertisseurs ", These de

[21]   Doctorat, INPT et ENIT, Tunis, 2001.
        R. TRIGUI, "Motorisation Asynchrone pour Vehicule Electrique", These de Doctorat en Genie

[22]   Electrique, Institut National Polytechnique de Lorraine, Nancy, Paris,1997.
        Z. QIANFAN, C. SHUMEI, T. XINJIA, "Hybrid Switched Reluctance Motor Applied in Electric

[23] Vehicles", Vehicle Power and Propulsion Conference, VPPC'07, pp. 359- 363, 9-12 September, 2007.

[24] Shin. Ichiro.Sakai « Motion control in an electric vehicle with 4 independently driven in-wheel-motors», IEEE Trans. on Mechatronics, Vol.4, No.1, pp.9-16, (1999).

Nobuyoshi. Mutoh «Electric Vehicle Drive System And Drive Method».,United State Patent NO.5, 549,172, (Aug.27, 1996).

[25] Shin-ichiro. Sakai, Takahiro .Okano « Experimental Studies on Vehicle Motion Stabilization with 4 Wheel Motored EV», Tokyo, Japan, 2000.

[26] NICOLAS. Trouche « Roue intégrée pour robots mobiles autonomes » , Thèse de doctorat de l'institut national polytechnique de Grenoble, 1991.

[27] L. BAGHLI, "Modélisation & Commande de la Machine Asynchrone", Notes de cours, IUFM de Lorraine-Universite Henri Poincare, Nancy 1, paris, 2002/2003.

[28] A.Bouscayrol, "Structure d'alimentation et stratégies de commande pour les systèmes multi machines asynchrones, Thèse de Doctorat, INPT, Toulouse ,1995.

[29] N. SOUALHI, "Optimisation du Rendement d'un Ensemble Convertisseur-Machine a Induction",

[30] Thèse de Magister, (encadrée par : N. Nait-Said et Med. Said Nait-Said), Universite de Batna, octobre 2004.

[31] Keyun.C, Alain.B,and Walter.L," Energetic Macroscopic Representation andinversion-based control Application to an Electric Vehicle With An ElectricalDifferantial", Journal of Asian Electric Vehicles,Vol 6,n° 1,June 2008,pp.1097-1102.

[32] C.C. CHAN, "The State of the Art of Electric and Hybrid Vehicles", Proceedings of the IEEE, Vol. 90, N° 2, pp. 247-275, February 2002.

[33] C. CABAL, C. GATIGNOL, "La Definition & les Implications du Concept de Voiture Propre", Rapport Office Parlementaire d'Evaluation des Choix Scientifiques et Technologiques, Senat session ordinaire N°125, pp. 01-379, France, 14 decembre 2005.

[34] [35] C.C. CHAN, "The State of the Art of Electric, Hybrid and Fuel Cell Vehicles",Proceedings of the IEEE, Invited paper, Vol. 95, N° 4, pp. 704-718, April 2007.

[36] R. MOSDALE, "Transport Electrique Routier-Batteries pour Vehicules Electriques", Techniques de l'Ingenieur, Traite Genie Electrique, D5665, 02/2003.

[35] BOSCH - Automotive Handbook 6th Edition, Bentley Publishers, October 2004, ISBN 0-8376-1243-8.

[36] S. Brisset, P. Brochet, "Analytical model for the optimal design of a brushless DC wheel motor",

[37] The International Journal for Computation and Mathematics in Electrical and Electronic Engineering (COMPEL), Vol.24, No.3, 2005.

[38] C. C. Chan, K. T. Chau, Modem Electric Vehicle Technology, Oxford University Press Inc, New York, 2001, ISBN: 0-19-850416-0

Philippe Chapoulie, Modélisation systémique pour la conception de véhicules 1999] électriques multi-sources, Thèse, 1999

[39] Mehrdad Ehsani, Yimin Gao, Sebastien E. Gay, Ali Emadi - Modem Electric,Hybrid Electric, and Fuel Cell Vehicles - Fundamentals, Theory, and Design, CRC Press LLC, 2005, USA

[40] J. Y. Wong, Theory of Ground Vehicles, Third Edition, John Wiley & Sons, Inc, 2001, ISBN: 0-471-35461-9.

[41] Brahim gasbaoui, Chaker abdelkader, laoufi adellah, " Multi-input multi-output fuzzy logic controller for utility electric vehicleDrive " Archives of electrical engineering vol. 60(3), pp.

[42] 239-256 (2011).

[43] Brahim Gasbaoui, Abdelkader Chaker, Abdellah Laoufi,Boumediène Allaoua, Abdelfatah Nasri," The Efficiency of Direct Torque Control for Electric Vehicle Behavior Improvement",serbian journal of electrical engineering vol. 8, no. 2, 127-146 may 2011.

[44] Brahim Gasbaoui, Abdelkader Chaker, Abdellah Laoufi,Boumediène Allaoua, "Adaptive Fuzzy PI of Double Wheeled Electric Vehicle Drive Controlled by Direct Torque Control",Leonardo

Electronic Journal of Practices and Technologies Issue 17, p. 27-46 July-December 2010

[45]   Y.Pin.Yang,C.Pin.Lo,"Current Distribution Control of Dual Directly Driven Wheel Motors for Electric Vehicles",Control Engineering Practice,Vol.16,2008,pp.1285- 1292.

B.C.Besselink," Computer Controlled Steering System for Vehicles having two independently driven wheels", Computers and Electronics in Agriculure Science direct, vol.39, 2003,pp.209-226.

[46]   [A.Haddoun, M.Benbouzid, D.Diallo, "Modeling, Analysis, and Neural Network Control of An EV Electrical Differantial", IEEE Transactions, Vol 55, n°6, June 2008, pp.2286-2294.

[47]   Abdelfatah Nasri, Abdeldjabar Hazzab, Ismail K. Bousserhane, Samir Hadjeri, Pierre Sicard."Fuzzy-Sliding Mode speed control for electric vehicle drive ", Korean Journal of Electrical Engineering Technology, JEET, volume 4, N° 4-December 2009,pp. 499-509.

[48]   Abdelfatah Nasri, Abdeldjabar Hazzab, Ismail K. Bousserhane, Samir Hadjeri, Pierre Sicard. " Fuzzy logic speed control stability Improvement of Lightweight electric vehicle",

[49]   Korean Journal of Electrical Engineering Technology, JEET volume 5, N° 1-Mars 2010,pp. 192-202.

Abdelfatah Nasri, Abdeldjabar Hazzab, Ismail K. Bousserhane, Samir Hadjeri, Pierre Sicard"

[50]   Two Wheel Speed Robust Sliding Mode Control for Electric Vehicle Drive "Serbian Journal of Electrical Engineering, Volume 5, No 02, PP 199-216 November 2008.

[51]   Abdelfatah Nasri, Abdeldjabar Hazzab, Ismail K. Bousserhane, Samir Hadjeri, Pierre Sicard" Backstepping propulsion system; control for electric vehicle drive "Slovak Journal of Cybernetic, Volume 8, No 01, 2009. pp. 1-16.

[52]   Ludtke. I, Jayne M. G,« A comparative study of high performance speed control strategies for voltage source PWM inverter fed induction motor drives ». Seventh International Conference on electrical Machines and Drives, 11-13 September 1995. University of Durham, UK.

[53]   Merzoug M^{ed} Salah,« Etude comparative des performance d'un DTC et d'un FOC d'une machine synchrone à aimant permanent (MSAP) ». Thèse Université de Batna.

A. Meroufel,« Contrôle de la machine asynchrone Commande scalaire, Commande vectorielle, Commande directe du couple ». Université Djilali Liabès 2008-2009.

[54]   [MLI 06] : A. Miloudi « Etudes et Conception de Régulateurs Robustes dans Différentes Stratégies de Commande d'un Moteur Asynchrone ». Thèse de doctorat es-sciences, Université des sciences et de la technologie Mohamed Boudiaf d'Oran USTO, Juin 2006.

[55]   P. Vas, "Sensorless Vector and Direct Torque Control", *Oxford University Press*, 1998.

[56]   K. Itoh and H. Kubota, "Thrust ripple reduction of linear induction motor with direct torque control," *Proceedings of the Eighth International Conference on Electrical Machines and Systems,* ICEMS 2005, vol. 1, pp. 655-658, 2005.

[57]   Chen, L., Fang, K.L. "A Novel Direct Torque Control for Dual-Three-Phase Induction Motor".

[58]   *Conf. Rec. IEEE International Conference on Machine Learning and Cybernetics*, pp. 876-88, 2003.

[59]   M.Vasudevan, R. Arumugam, "New direct torque control scheme of induction motor for electric vehicles, " *5th Asian Control Conference*, vol. 2, pp. 1377 – 1383, 2004

[60]   belkacem sebti , " contribution a la commande directe du couple de la machine à induction " , thèse de doctorat es-sciences, Université de Batna, 17 /03 /2011

[61]   Marouani. Khoudir «Etude et Réalisation d'un banc Expérimental de Commande Directe du Couple d'une Machine Asynchrone Commandée par PC sans Capteur Mécanique», Thèse de Magister,2001/EMP.

[62]   Faiz, M. Sharifian, A. Keyhani, and A. Proca « Sensorless Direct Torque Control of Induction Motors Used in Electric Vehicle », ieee transactions on energy conversion, vol. 18, no. 1, march 2003.

[63]   S. REZGUI, «Etude Comparative de Différentes Performance des Observateurs de Flux pour la Commande Directe du Couple d'une MAS sans Capteur Mécanique », Thèse de Magister, 2000/EMP.

[64]   Pelissou. Catherine « Contrôle direct du couple d'une MAS pour la traction ferroviaire », Thèse de Doctorat de l'université de gronoble, 1996.

[65]   A. Maria, Commande directe de couple à fréquence de modulation constante des moteurs synchrones à aimants permanents, Thèse de Doctorat, Institut National des Sciences Appliquées de Lyon, France, 2004.

[66]   S. Belkacem, F. Naceri and R. Abdessemed, "Improvement in DTC-SVM of AC Drives Using a New Robust Adaptive Control Algorithm" Accepted for Publication at the International Journal of Control Automation and System, IJCAS, vol. 9, no. 2, 2011.

[67]   S. Belkacem, F. Naceri, R. Abdessemed , "A Novel Robust Adaptive Control Algorithm and Application to DTC-SVM of AC Drives", Serbian Journal of Electrical Engineering (SJEE), vol.7, no. 1 , Serbia, pp. 21-40, May 2010.

[68]   S. Belkacem, F. Naceri, R. Abdessemed, "Robust Nonlinear Control for Direct Torque Control of Induction Motor Drive Using Space   by three-level inverter with neutral-point balancing control", Proceedings of the CSEE, vol. 27,no. 3, pp. 46–50, 2007.

[69]   F. Hussein, E. Soliman, E. M. Elbuluk, "Direct Torque Control of a Three Phase Induction Motor using a Hybrid PI/Fuzzy Controller", IEEE, pp. 1681-1685, 2007.

[70]   M. Pacas and J. Weber, "Direct Torque Control for the PM Synchronous Machine", Industrial Electronics Society, 2003. IECON '03. The 29th Annual Conference of the IEEE, vol. 2, pp.1249–1254, Novembre 2–6, 2003.

[71]   Nasri Abdelfatah , " Contrôleurs neuronaux et flous et PI optimisé par la méthode de Swarm pour la commande d'un véhicule électrique " , , thèse de doctorat es-sciences, Université de djillali liabes de sidi-bel-abbes, 2011.

[72]   W. Colella. Cleaning the air with fuel cell vehicles : net impact on emissions and energy use of
[73]   replacing conventional internal combustion engine vehicles with hydrogen fuel cell vehicles. The First European Fuel Cell Technology and Applications Conference, ASME,2005

[74]   D. Boettner. G. Paganelli. Y.G. Guezennec. G. Rizzoni. M.J. Moran. Proton exchange membrane fuel cell system model for automotive vehicle simulation and control. ASME Journal of Energy Resources Technology, 2002.

[75]   J.H. Hirschenhofer. D.B. Stauffer. R.R. Engleman. M.G. Klett. Fuel Cell Handbook, Seventh Edition. FETC, 2004.

[76]   J.Larminie, J.Lowry, "Electric Vehicle Technology Explained", Edited by John Wiley and John Lowry, England, 2003.

[77]   R.F.Nelson, "Power requirements for battery in HEVs" , J. Power Sources, vol. 91, pp. 2–26, 2000.

[78]   C.Xia, Y.Guo, "Implementation of a Bi-directional DC/DC Converter in the Electric Vehicle", Journal of Power Electronics, vol. 40, no. 1, pp. 70–72, 2006.

[79]   Ramadass, P, et al., "Capacity fade of Sony 18650 cells cycled at elevated températures: Part IL Capacity fade analysis " Journal of Power Sources, 2002, Vol. 112, pp. 614 - 620. 0378-7753Q.Zhang, Y.Yin, "Analysis and Evaluation of Bidirectional DC/DC Converter", *Journal of Power Technology*, vol. 1, no. 4, pp. 331–338, 2003.

[80]   Maxime MONTARU , "Contribution _a l'évaluation du vieillissement des batteries de puissance utilisées dans les véhicules hybrides Selon leurs usages ",thèse doctorat de l'Institut Polytechnique de Grenoble Le 06 / 07 / 2009.

[81]   J. Kennedy & R.C. Eberhart, "Particle Swarm Optimization", In Proc. IEEE Int. Conf. on Neural Networks, Vol. IV, pp 1942-1948, Piscataway, NJ : IEEE Service Center, 1995.

[82]   J. Kennedy & Y. Shi, "Swarm Intelligence", Evolutionary Computation. Morgan Kaufmann, 2001.

[83]   M. Clerc & J. Kennedy, "The Particle Swarm: explosion, stability and convergence in a multi-dimensional complex space", IEEE Transactions On Evolutionary Computation, Vol. 6, pp 58-73, 2002.

[84]   J. Dréo, A. Pétrowski, P. Siarry & E.D. Taillard, "Metaheuristics for difficult optimization",

[85]   Springer edition, 2005.
[86]   Y. Collette & P. Siarry, "Optimisation multiobjectif", Eyrolles edition, 2002.
         E.G. Talbi, "A Taxonomy of Hybrid Metaheuristics", Journal of Heunstics, Vol. 8, pp. 541-564,
         2002.
[87]   M. Dorigo, E. Bonabeau & G. Theraulaz, "Swarm Intelligence: From Natural to Artificial
[88]   Systems", Santa Fe Institute Studies on the Sciences of Complexity, Oxford University Press,
[89]   USA, 1999.
         B. Hölldobler & E. Wilson, "The Ants", Springer Verlag, Berlin, Germany, 1990.
[90]   E. Bonabeau & G. Theraulaz, "Intelligence Collective", Hermes, 1994.
         M. Dorigo & G.D. Caro, "The ant colony optimization metaheuristic", in New Ideas in
[91]   Optimization, D. Corne, M. Dorigo, and F. Glover, Eds: McGraw-Hill, pp. 11-32, 1997.
         R. Brossut, "Phéromones, la communication chimique chez les animaux", CNRS editions, Belin,
[92]   1996.
         M. Dorigo, "Optimization, learning, and natural algorithms", Thèse de Doctorat,
         Poly-technique de Milano, Italy, 1992.
[93]   Kang Seok Lee & Zong Woo Geem, "A new meta-heuristic algorithm for continuous
         engineering optimization: harmony theory and practice", Comput. Methods Appl. Mech. Engrg.,
[94]   3902-3933, 194 (2005).
         Zong Woo Geem ,Kang Seok Lee & Yongjin Park, "Application of Harmony Search to Vehicule
         Routing ",American Journal of Applied Sciences 2 (12):1552-1557, 2005.
[95]   Russell C. Eberhart, Yuhui Shi & James Kennedy, "Swarm Intelligence", The Morgan Kaufmann
[96]   Series in Artificial Intelligence. Morgan Kaufmann, San Francisco, CA, USA, 2001.
         M. Dorigo & G. Di Caro, "New Ideas in Optimization", McGraw Hill, London, UK, 1999.
[97]   WeiZhng KunWang Shouzhi-Li: Increment PID Controller Based on Immunity Particle Swarm
         Optimization Algorithm, IMACS Multiconference on "Computational Engineering in Systems
[98]   Applications"(CESA), October 4-6, 2006, Beijing, China.
         Haibing Hu, Qingbo Hu, Zhengyu Lu, Dehong Xu: Optimal PID Controller Design in PMSM
[99]   Servo System Via Particle Swarm Optimization, China 2005 - IEEE
         Zwe-Lee Gaing: A Particle Swarm Optimization Approach for Optimum Design of PID
         Controller in AVR System, IEEE Transactions On Energy Conversion, June 2004.Taiwan.
[100]   Rania Hassan & Babak Cohanim & Olivier de Weck : A Copmarison Of Particle Swarm
         Optimization And The Genetic Algorithm- American Institute of Aeronautics and Astronautics
         - Colorado – 2004.
[101]   Chao Ou & Weixing Lin, Comparison between PSO and GA for Parameters Optimization of PID
         Controller, China, Proceedings of the 2006 IEEE.
         Mehdi Nasri, Hossein Nezamabadi-pour, and Malihe Maghfoori: A PSO-Based Optimum Design
         of PID Controller a Linear Brushless DC Motor, , Proceedings of World Academy Of Science,
         Engineering And Technology Volume 20 April 2007.

Annexes

Tableau 5-4 Les paramètres du véhicule électrique utilisé dans la simulation numérique [42,43,45].

Masse du véhicule seul avec ½ charge.	$M = 1400kg$
Rayon des roues	$r = 0.32m$
coefficient de pénétration dans l'air	$C_x = 0.32 \ (kg/m3)$
Coefficient de résistance aérodynamique	$\rho = 1.109$
Surface frontale	$S_f = 2.66 \ m^2$
Coefficient de résistance au roulement	$C_r = 0.0331$
Gravitation	$g = 9.81 \ m/s^2$
Rendement du réducteur	90

Tableau 5-5 les paramètres du moteur de propulsion utilise [42, 43,45].

Puissance du moteur	$P = 37 \ Kw$
Tension d'alimentation	$V = 400 \ V$
Fréquence	$f = 50 \ Hz$
Résistance statorique	$R_s = 0.08233\Omega$
L'inductance statorique	$L_s = 0.000724 \ H$
Résistance rotorique	$R_r = 0.0503\Omega$
L'inductance rotorique	$L_r = 0.000724 \ H$
L'inductance mutuelle	$L_m = 0.02711 \ H$
Inertie	$J = 1.1 \ Kg.m^2$
Coefficient de frottement	$f_s = 0.02791N.m.s$